Besser fix als fertig

Bernd Hufnagl

Besser fix als fertig

Hirngerecht arbeiten
in der Welt des Multitasking

molden verlag

INHALT

PROLOG 7

KAPITEL 1: DIE LOGIK UNSERES GEHIRNS 13

Frosch, Aggression und Impulskontrolle 15
Spitzmaus, Gedächtnis, Emotion und Motivation 19
Controller, Bewusstsein, Verstand, Vernunft und Sprache . . 33
Unterdimensionierter Arbeitsspeicher 40

KAPITEL 2: STRESS UND INNERE WIDERSTANDSKRAFT 49

Gelernte Hilflosigkeit 50
Im Bearbeitungs-, Erwartungs- oder Offlinemodus 53
Verknüpfte Erfahrungen und innere Überzeugung 59
Kontrollierbarer und unkontrollierbarer Stress 63
Stress und vegetative Kontrolle 73
Innere Widerstandskraft: Resilienz oder Vulnerabilität? 77
Resiliente Organisationen 83

KAPITEL 3: ARBEIT UND BELASTUNG 87

Modeerscheinung Job-Burnout? 89
Definition und Kernkriterien des Burnout-Syndroms am
Arbeitsplatz 93
Salutuogenese 94
Ein Nährboden für Überlastung 96
Präsentismus 101

KAPITEL 4: ARBEITEN IM „MULTITASKINGMODUS" 107

Ein typischer Arbeitstag 108
Arbeitsunterbrechungen 110
Multitasking: gleichzeitig oder nacheinander? 114
Auswirkungen von permanenter Ablenkung und
chronischem Multitasking 122
Bietet Multitasking Vorteile? 130

KAPITEL 5: HIRNGERECHTE MITARBEITERFÜHRUNG 133

Evolution der Führung................................. 136
Führung und Rudelverhalten 140
Akzeptanz von Führung 143
Leistungsbereitschaft und Optimismus 149
Kommunikation 153
Wertschätzung und Multitasking....................... 156
Delegieren 158

KAPITEL 6: MOTIVATION, ENTSCHEIDUNGEN UND
VERÄNDERUNGSBEREITSCHAFT 163

Motivation und Gedächtnis............................ 164
Entscheidungen: ein Wettstreit zwischen Frosch,
Spitzmaus und Controller 167
Der freie Wille....................................... 168
Bauch- oder Vernunftentscheidungen?................. 170
Biologische Entscheidungsfallen 174
Veränderungsbereitschaft 178

EPILOG 183
LITERATUREMPFEHLUNGEN 187

PROLOG

Ist Ihnen das Folgende schon einmal passiert? Sie lesen zehn Minuten lang in einem Buch und bemerken plötzlich, dass Sie nicht die geringste Ahnung haben, was Sie gerade gelesen haben? Ich bin mir fast sicher. Und vielleicht kennen Sie auch dieses Phänomen: Sie sitzen beim Frühstück vor der Tageszeitung, lesen die Headline und die ersten beiden Zeilen eines Artikels und plötzlich ... finden Sie sich im nächsten Artikel wieder? Und so geht es quer durch die ganze Zeitung, ohne dass es Ihre bewusste Entscheidung war, alles nur überfliegen zu wollen. *Executive reading* nennt es der Manager stolz, wenn sein Gehirn täglich unzählige Dokumente und E-Mails in beeindruckender Geschwindigkeit geistig scannt. Dabei glauben wir fest daran, alles Wesentliche auch verstanden zu haben. Mag sein. Aber immer mehr Menschen in unserer Berufswelt ertappen sich leider auch bei folgendem Phänomen: Ein Kollege oder Mitarbeiter spricht mit uns, und – Sie ahnen wahrscheinlich schon, was jetzt kommt – während dieser Mensch spricht, denken wir bereits an etwas völlig anderes. Denn wir sind inzwischen innerlich bereits einen Schritt weiter und tun nur aus Höflichkeit so, als ob wir noch zuhören. *Executive listening* nennt man die Fähigkeit, sofort zu „wissen", also zu antizipieren, was gleich gesagt werden wird. Vorschnell gefällte Urteile, die unserer Lebenserfahrung entspringen, machen das möglich. Geduldig und aufmerksam zuzuhören und sein Gegenüber wirklich verstehen zu wollen, ist aber etwas ganz anderes. Der CEO weiß genau: Zuhören ist der erste Schritt zu richtigen Entscheidungen! Aber weiß er auch, dass Aufmerksamkeitsstörungen nicht nur bei Kindern zunehmen? Es ist die Unfähigkeit, sich auf nur eine Sache konzentrieren zu können, die in unserer Arbeitswelt zunehmend zum Problem wird.

Der Trend zum *second screen* ist voll im Gang: Viele haben sich bereits daran gewöhnt, während sie fernsehen, im Internet zu surfen *und* gleichzeitig neue E-Mails, SMS, Facebook-, Twitter- und WhatsApp-Nachrichten zu kontrollieren. Unser Gehirn hat darauf bereits reagiert und seine Arbeitsweise an die neuen Herausforderungen angepasst. Über einige dieser Veränderungen können wir uns freuen: Jugendliche SMS-Profis können definitiv schneller tippen als viele Fünfzigjährige. Sie machen beim SMS-Schreiben auch weniger Tippfehler, denn ihr Hirnareal, das für die Steuerung des Daumens zuständig ist, hat sich messbar (!) vergrößert. Ich hatte kürzlich am Flughafen das Vergnügen, einer jungen Japanerin beim hastigen Schreiben einer Nachricht auf ihrem Smartphone zuzusehen: Ich finde, das war zirkusreif. Respekt. So viel Text in so kurzer Zeit, das schaffe ich nicht einmal beim Sprechen. (Und ich spreche schnell ...) Gut, man könnte sich fragen, wozu, wenn klar zu sein scheint, dass wir in Zukunft alle Befehle und Eingaben direkt über die Spracherkennung des Computers diktieren werden. Aber vielleicht ist es auch nur Neid, weil ich nicht so schnell tippen kann ...

Sehr positiv finde ich auch folgende Beobachtung: Chirurgen, die in ihrer Freizeit häufig Computerspiele spielen, operieren mit computergesteuerten Systemen messbar besser. Die räumliche Vorstellungskraft am zweidimensionalen Computerbildschirm scheint besser ausgeprägt. Liebe Chirurgen, auf zur Spielkonsole! Da die wenigsten Unternehmen Chirurgen beschäftigen, müssen wir wohl versuchen, die Erkenntnisse der Hirnforschung in unsere Arbeitswelt zu übertragen. Wir werden dabei nicht nur die wenigen Vorteile, sondern auch die gut belegten Nachteile unserer Arbeitsweise beleuchten.

In der heutigen Berufswelt arbeiten leider viele Menschen nicht „hirngerecht". In diesem Buch werde ich darstellen und zu erklären versuchen, was diese Behauptung mit unserem körpereigenen „Belohnungssystem", unserem Gedächtnis, aber auch mit Arbeitsunterbrechungen und Ablenkbarkeit, Multitasking und unserer sinkenden Veränderungsbereitschaft zu tun hat. Auswirkungen des nicht hirngerechten Arbeitens sind ja bereits erkennbar: Psychische Erkrankungen scheinen rasant zuzunehmen, während gleichzeitig die Belastbarkeit des Einzelnen ebenso schnell abzunehmen scheint. Stress und Burnout werden (leider auch oft undifferenziert) zum Bedrohungsszenario.

Das ist erstaunlich, denn immerhin leben wir, objektiv betrachtet, in einem Zustand von Wohlstand und Sicherheit, wie es ihn in unseren Breiten noch nie gegeben hat. Wir könnten jetzt fragen, ob wir möglicherweise dadurch zu „verwöhnt" oder vielleicht nicht in der Lage sind, erarbeitete oder geschenkte Privilegien teilweise wieder abzugeben. Oder stimmt die Hypothese, dass unsere Arbeitswelt keine idealen Rahmenbedingungen für eine „artgerechte Haltung" bietet? Sind Führungskräfte und Mitarbeiter Opfer des „Systems" oder sind wir eigenverantwortlich für die Schaffung hirngerechter Bedingungen?

Ich behaupte, dass wir mehr Leistungskultur brauchen! In unserer Erfolgskultur entsteht zwangsläufig ein Problem mit der individuellen Belastbarkeit und der Lust an der eigenen Leistung, weil hauptsächlich der Erfolg *des Systems* honoriert wird. Das klingt grundsätzlich nicht unattraktiv, wirft aber die Frage auf, ob der Einzelne die kleinen täglichen Erfolge auch emotional spüren kann.

Das Ziel dieses Buches ist es, die Erkenntnisse, Theorien und Hypothesen der Neurowissenschaften, Evolutions- und Verhaltensbiologie, Psychologie und Glücksforschung vor allem für eine spezielle Zielgruppe zu verknüpfen und aufzubereiten: für Führungskräfte und Mitarbeiter von Organisationen. Menschen also, die Arbeiten erledigen müssen, die andere vorgeben. Die Ziele umsetzen müssen, die primär nicht ihre eigenen Ziele sind, und die täglich schnell möglichst viele Dinge – am besten gleichzeitig – tun sollten.

Die unterschiedlichen Wahrnehmungen und „Sprachen" der Wissenschafts- und Arbeitswelt allgemein verständlich zusammenzuführen, ist das Ziel meiner beruflichen Tätigkeit. Mein Drang, immer ein „Generalist" zu bleiben und Fragen grundsätzlich fächerübergreifend beantworten zu wollen, wurde durch einen meiner Lehrer, Rupert Riedl, geprägt und spiegelt sich in diesem Buch wider. So wird dem aufmerksamen Leser bestimmt nicht entgehen, dass sich Begrifflichkeiten aus unterschiedlichen Bereichen der Wissenschafts- und Businesswelt wiederfinden.

Den Kompromiss der Vereinfachung, der bei der Übersetzung naturwissenschaftlicher Erkenntnisse in allgemein verständliche Bilder einzugehen ist, muss ich akzeptieren. Das ist nicht ganz so einfach, wie es vielleicht scheint. Aus wissenschaftlicher Sicht ist dadurch manche sprachliche und inhaltliche Unschärfe der von mir dargestellten Bilder offensichtlich: Ich werde dennoch durch die Verwendung von Begriffen wie beispielsweise *Frosch*, *Spitzmaus*, *Controller*, *Arbeitsspeicher*, *Hardware* und *Software* versuchen, die Vorteile einer einfachen, trennenden und bildhaften Darstellung zu nutzen, um den Leser die evolutionsbiologische „Logik" unseres Gehirns näherzubringen. Mir ist dabei natürlich bewusst, dass unsere heutige Vorstellung neurobiologischer Abläufe im Gehirn von zusammenhängenden, nicht linearen Netzwerken geprägt ist und nicht von klar getrennten Hirnbereichen. Die Nachvollziehbarkeit der Funktionsweise unseres Gehirns, das sich über Jahrmillionen an völlig unterschiedliche Rahmenbedingungen und Anforderungen anpassen musste, war mir dabei ein wichtiges Anliegen. Ich bin davon überzeugt, dass wir durch diese bildhafte Vorstellung die Logik unseres Verhaltens besser nachvollziehen und daraus lernen können.

Meine jahrelange Praxis in der universitären Lehre, in Vorträgen, Führungskräftetrainings und Management-Beratungen bestätigt die Nützlichkeit dieser „Übersetzungshilfen". Mir geht es dabei nicht nur um eine Auflistung spannender und unterhaltsamer Erkenntnisse, sondern darum, die Eigen- und Fremdwahrnehmung zu schärfen und die Motivation zu mehr Achtsamkeit zu erhöhen. Wenn mir das gelingt, ist mein persönliches Ziel erreicht. Daher verzichte ich bewusst zugunsten der besseren Lesbarkeit und aufgrund der Zielgruppe, für die dieses Buchs geschrieben wurde, auf die wissenschaftlich üblichen Zitate und Fußnoten. Ich habe aber versucht, eigene Hypothesen, Gedanken und Erfahrungen deutlich erkennbar zu machen. Die erwähnten Studien sind mit wenig Aufwand im Internet zu finden.

Abschließend noch eine Bemerkung zum Thema „gendergerechtes Formulieren": Aus Gründen der besseren Lesbarkeit wird im Text verallgemeinernd das generische Maskulinum verwendet. Diese Formulierungen umfassen gleichermaßen weibliche und männliche Personen; alle Leserinnen und Leser sind damit selbstverständlich gleichberechtigt angesprochen.

Kapitel 1
Die Logik unseres Gehirns

U m zu verstehen, nach welcher Logik und Dynamik unser Gehirn werkt, benötigen wir Einblick in die biologischen Prozesse und deren Logik, die zur Ausbildung dieses speziellen Organs im Laufe der Evolution geführt haben. Wir sollten unsere Herkunft – also unser biologisches Erbe – betrachten, um nachvollziehen zu können, warum wir so denken und handeln, wie wir es tun. Sie werden sehen, dass sich bestimmte Teile unseres Gehirns zu völlig unterschiedlichen Zeiten und Rahmenbedingungen in der Evolutionsgeschichte differenziert und spezialisiert haben. Ich möchte Ihnen gleich im ersten Kapitel schildern, um welche Netzwerke es sich dabei handelt, wie diese Bereiche „denken" und die Welt um uns interpretieren. In den folgenden Kapiteln werde ich immer wieder auf deren Vernetzung und Kommunikation untereinander hinweisen.

Die im Folgenden geschilderten Hirnteile sind natürlich keine unabhängig voneinander funktionierenden Bereiche. Sie arbeiten nach heutigem Wissen vielmehr als Netzwerk mit spezialisierten Arealen. Verstehen wir aber die speziellen „Eigenheiten" jener Bereiche, die durch die Umstände und Rahmenbedingungen ihrer Entstehung geprägt wurden und zum Teil jahrmillionenlang annähernd unverändert funktioniert haben, so können wir wichtige Verhaltensweisen unseres Gehirns besser nachvollziehen.

Ein Prinzip der Evolution ist es, altbewährte Strukturen nicht mehr aufgeben zu können, sondern in Funktion und Struktur, immer angepasst an neue Anforderungen, zu ergänzen oder zu überlagern. Ist der Keller eines Hauses also einmal gebaut und tragfähig, so kann das Erdgeschoss nur mehr darauf errichtet werden, wenn zuvor der Keller ganz fertiggestellt wurde. Das gilt auch, wenn man im fertigen Haus dann eigentlich gar keinen Keller mehr brauchen würde.

Bei der Entwicklung eines Menschen (von der Befruchtung der Eizelle bis zum Neugeborenen) wird wie im Zeitraffer unsere gesamte stammesgeschichtliche Entwicklungsgeschichte durchlaufen. Man kann das in der Embryonalentwicklung deutlich sehen. Und es lässt einen fast schaudern, wenn man sieht, dass wir in einem bestimmten Entwicklungsstadium genauso ausgesehen haben wie Hai-Embryos. Von den Fischen und Amphibien zu den primitiven Säugetieren und schließlich zum Menschen durchläuft jeder von uns im Mutterleib die gesamte Evolutionsgeschichte. Es sollte also eigentlich alles an Struktur und Funktionen noch in uns vorhanden sein, was bereits vor Jahrmillionen „erfunden" und erfolgreich eingesetzt wurde.

Wo sind denn nun die praktischen Kiemen, das einfache Gehirn der Frösche und die (überaus männliche) Ganzkörperbehaarung geblieben? Die Kiemen gibt es bei uns Menschen wirklich, sie treten bei manchen, quasi als „Entwicklungsfehler", wieder in Erscheinung. (Ich kenne sogar jemanden, der diese Kiemenanlagen ausgebildet hat. Hübsch sind sie jedenfalls nicht. Und ihre ursprüngliche Funktion erfüllen sie leider auch nicht. Schade.) Bei der Ganzkörperbehaarung gilt Ähnliches, und wenn man Pech hat, ist auch noch das gesamte Gesicht behaart. Da wird die morgendliche Rasur zu Ganztagsbeschäftigung. Auch bei Frauen.

Bei der Suche nach dem Verbleib des Froschgehirns wird es nun spannend und es soll uns zum eigentlichen Thema leiten.

FROSCH, AGGRESSION UND IMPULSKONTROLLE

Die erste Erkenntnis, die uns einem besseren Verständnis näherbringen soll, ist erst rund hundert Jahre alt und stammt aus der Neuroanatomie: Wenn man ein Stück Gewebe aus unserem Hirnstamm und Kleinhirn (einem basalen, entwicklungsgeschichtlich sehr alten Bereich unseres Gehirns) mit dem Hirnstamm und Kleinhirn heute lebender Frösche vergleicht, ist das mikroskopische Erscheinungsbild der beiden Gewebsproben auffällig ähnlich. Sie haben denselben grundlegenden Bauplan, man könnte sagen: dieselbe Hardware, also denselben Prozessor.

Die erste spannende Frage lautet also: Zeigt dieser Teil unserer Hardware, den wir seit rund 300 Millionen Jahren mit Amphibien als gemeinsames Erbe in uns tragen, auch noch immer dieselbe Input-Output-Logik? Ist noch immer die Software, die für das Überleben der ersten Landlebewesen programmiert worden ist, in uns aktiv? Sieht also ein Teil in uns auch jetzt – in dieser Sekunde – die Welt so, wie es ein Frosch tun würde, wenn er vor diesem Buch säße? Sie ahnen es schon: Ja! Denn neben den autonom ablaufenden Vitalfunktionen (wie Herzschlag, Atmung und dem Erlernen und der Koordination von Bewegungsabläufen) können in diesem Netzwerk, das wir von den Fröschen „geerbt" haben, drei ganz zentrale Verhaltensimpulse ausgelöst werden, die schon Frösche zum Überleben benötigten:

Erster Impuls: Friss alles auf, was du siehst – und zwar alles!

Zum Thema Ernährung ist es nicht unwichtig, zu wissen, und nachvollziehbar, dass Millionen Jahre an Nahrungsknappheit einen Nahrungstrieb mit dieser Logik zur Folge hatten. Die Abhängigkeit (speziell des menschlichen Gehirns) von Zucker hatte zusätzlich die Koppelung mit unserem Belohnungssystem zur biologischen Folge. Um sicherzustellen, dass wir jede Zuckerquelle nutzen, werden wir bei Zuckerkonsum (und dabei genügt bereits der Anblick einer Süßspeise!) durch die Produktion des Belohnungshormons Dopamin belohnt. Wir sind also regelrecht „angefixt" worden. Die bedrohliche Zunahme von Typ-II-Diabetikern („Altersdiabetiker" – bereits bei unter Zehnjährigen zu finden) ist eine klare Folge des Überangebots an Zucker und nicht eine Folge von Unwissen über dessen Schädlichkeit! Die günstigen Preise für überzuckertes „Junkfood" im Vergleich zu Obst und Gemüse tragen den Rest zur Misere bei.

Zweiter Impuls: Fortpflanzung

Ohne Sex keine Arterhaltung. Das klingt trivial, ist es aber nicht. Sexuelle Fortpflanzung zwischen männlichen und weiblichen Organismen ist biologisch gesehen die „Version 2.0" der Vermehrung. Die ursprüngliche Variante ist deutlich einfacher, wenn aber auch bestimmt nicht gerade lustvoll: Teilung. Jedenfalls hat sexuelle Fortpflanzung genetische Vorteile und hat sich bei komplexeren Organismen durchgesetzt. Mit einem entscheidenden Nachteil: Konkurrenz. Sie kennen das. Wir werden darauf noch zu sprechen kommen, denn es begegnet uns, oft gut getarnt, im beruflichen Alltag wieder.

Dritter Impuls: Aggression

Er war ein geniales Selektionsprodukt der Evolution und ermöglichte den Umgang mit Konkurrenten um Nahrung und attraktive Sexualpartner. Der Aggressionstrieb läuft in drei automatisch aufeinanderfolgenden „Zündstufen" ab: Stufe 1: „Schlag zu!" Gelingt das nicht, weil der Gegner stärker ist, dann zünden wir Stufe 2: „Hau lieber ab!" Und wenn das nicht funktioniert, weil der Weg versperrt ist, dann wird die finale Stufe gezündet: „Stell dich tot!" Angriff, Flucht oder so tun, als ob wir nicht da sind: ein einfaches und erfolgreiches Programm, das uns in unterschiedlichsten Ausprägungen auch im Büroalltag begegnet. Jeder von uns, der schon einmal seine voreilig geschriebene, aggressive E-Mail am nächsten Tag noch einmal gelesen hat, ahnt jetzt, wer schuld ist: Der Frosch in uns hatte Stufe 1 gezündet. Bumm.

Auch den Fluchtreflex kennen wir aus eigenem Erleben: Ein

unangenehmes Gespräch mit dem Vorgesetzten sorgt bei vielen für den spürbaren Drang, den Raum sofort verlassen zu wollen. Im Froschgehirn wird dabei also hektisch und schon leicht verzweifelt Stufe 2 abgefackelt.

Und durch bestimmte Lebensumstände und entsprechende Handlungsunfähigkeit in die Enge getrieben, kann es passieren, dass die finale Stufe gezündet wird: Wir stellen uns tot. Damit sind *nicht* jene Kolleginnen und Kollegen gemeint, die sich geschickt hinter Schreibtisch und Bildschirm verstecken und so tun, als ob sie nicht da wären. Es betrifft leider jene, die wirklich nicht mehr können und unter plötzlich auftretenden Antriebsstörungen leiden.

Eine weitere wesentliche Eigenheit des „Froschgehirns" besteht darin, dass Erlebnisse in diesem Netzwerk für nur zirka zwei Minuten gespeichert, also erinnert, werden können. Das bedeutet, dass unser Hirnstamm, der fressen, kopulieren und bei Bedrohung aggressiv sein muss, nach zwei Minuten wieder vergessen hat, was gerade passiert ist. Wunderbar, oder? Diese „leichte" Einschränkung in der Erinnerungsfähigkeit funktioniert gut, solange die Fortpflanzungsstrategie eine Strategie der Massenvermehrung ist, bei der durch die hohe Anzahl der Nachkommen per Zufall genügend überleben, um die Arterhaltung zu sichern: Die Triebhandlung zum Ablaichen wird bei Froschweibchen durch den Anblick eines Feuchtbiotops ausgelöst. Hat das Weibchen abgelaicht, verlässt es den Ort des Geschehens, hat nach zwei Minuten alles wieder vergessen und zieht weiter. (Gut so, da kommt es wohl nicht vor, dass Karl-Heinz nach 30 Jahren noch immer zu Hause bei Mama wohnt. Dieses Problem muss wohl erst später entstanden sein.) Es gibt zwar bei einigen weiter entwickelten Froscharten Triebhandlungen, die der Brutpflege von Säugetieren ähneln, dies stellt aber kein durch Bindungstriebe ausgelöstes Verhalten dar. Energieinvestition in eine aufwendige Brutpflege ist bei der Massenvermehrung einfach nicht notwendig.

SPITZMAUS, GEDÄCHTNIS, EMOTION UND MOTIVATION

In einem nächsten großen Entwicklungsschritt, vor rund 150 Millionen Jahren (für die Streber unter den Lesern: Trias, Jura, Kreide, die Zeit der tagaktiven Saurier), schafften es kleine, komplex gebaute Organismen, die Nacht als sichere biologische Nische zu nutzen. Die Entwicklung der ersten primitiven Säugetiere (anthropologischen Funden nach optisch vergleichbar mit heute lebenden Spitzmäusen) wurde durch die Entwicklung eines Stoffwechsels ermöglicht, der sie von der Wärme des Sonnenlichts unabhängig machte. Ein begleitendes Phänomen der Säugetierentwicklung war, dass Massenvermehrung aus unterschiedlichen Gründen unmöglich wurde. Zu komplex wurde vor allem der aufwendige Stoffwechsel zur Aufrechterhaltung der Körperkerntemperatur. Die Reproduktionsrate musste deshalb also auf rund zehn bis zwanzig Nachkommen pro Wurf reduziert werden.

Das seit über hundert Millionen Jahren erfolgreich angewandte Verhaltensprogramm des „Froschgehirns", das bewirkte, dass Weibchen zwei Minuten nach dem Ablaichen alles vergessen hatten, war nun für die ersten Säugetiere kein geeignetes Überlebensprogramm mehr. Denn die Wahrscheinlichkeit, dass zwanzig Nachkommen nur durch puren Zufall überleben, war gleich null. Wir stammen also nun von jener Spezies ab, die ein völlig neues Verhaltensprogramm entwickeln musste, um dem Spiel mit dem Zufall, nicht gefressen zu werden, zu entkommen.

Den Teil der Hardware und Software, den diese primitiven Säugetiere durch Selektionsprozesse neu entwickelt haben, nennen wir heute vereinfacht „das limbische System". Es gilt gemeinhin als Sitz unserer Emotionen. Für die ersten Säugetiere, die sich zum Schutz vor Feinden in kleinen Herden organisieren mussten, scheint es ein grundlegender Vorteil gewesen zu sein, die momentanen Befindlichkeiten der anderen einschätzen zu können. Wenn ich nicht rechtzeitig bemerke, dass es gleich Ärger geben könnte, wird das Leben gefährlich ... Privat wie beruflich, Sie wissen was ich meine. Durch diese Fähigkeit wurde der Aggressionstrieb, der ein enges Zusammenleben unmöglich gemacht hätte, kontrollierbar. Das eigene Verhalten und das anderer – mit den entsprechenden körperlichen Reaktionen – „spüren" (und damit auch vorhersagen) zu können, ist ein wesentlicher Erfolgsfaktor der sozialen Entwicklung zum Menschen. Wir sollten uns überlegen, welche Verhaltensweisen „programmiert" werden mussten, damit eine Spitzmausmutter sich so lange fürsorglich um ihren Nachwuchs kümmert, bis dieser überlebensfähig ist. Um das beantworten zu können, müssen wir die Logik der „Spitzmaus-Programmierung" verstehen: Es wird emotional!

In der Evolution der Organismen war als Grundvoraussetzung sozialen Verhaltens ein Quantensprung notwendig, damit Beziehungen zwischen Artgenossen möglich wurden: die Entwicklung der Erinnerungsfähigkeit. Ohne Gedächtnis und (das damit verbundene) komplexe Lernen könnten wir uns schlicht nicht merken, wer Freund und wer Feind ist, wer sich für uns eingesetzt und wer uns ausgenützt hat. Nicht mehr der körperlich Stärkste, sondern der starke *und* sozial Geschickte bekommt langfristig Rang und Privilegien durch die Aufmerksamkeit und den Respekt der anderen.

Diese Grundlogik unserer Festplatte mit dem installierten Datei-Explorer ist eine genauere Betrachtung wert: Alle Informationen, die nicht von den Sinnesorganen als den primären Filtern ausgeblendet werden, werden in dieser Gedächtnisstruktur neu angelegt. Das Spannende am Datei-Explorer des limbischen Systems ist, dass unser Spitzmausgehirn keinen Ordner „neutral", also emotionslos, anlegen kann, sondern diesen beim Neuanlegen emotional einfärben muss. Bildlich können wir uns das so vorstellen, dass die Farbe Dunkelgrün für hoch emotional positive Erlebnisse und die Farbe Dunkelrot (am anderen Ende der Farbskala) für traumatisch negative Erlebnisse verwendet wird. Dazwischen liegen alle anderen Farbschattierungen, die für weniger stark erlebte emotionale Ereignisse verwendet werden. Aus dieser Logik der emotional bewerteten Erlebnisse folgt konsequenterweise, dass unsere Erinnerungen an bestimmte Ereignisse entscheiden, ob wir uns zukünftig davor fürchten, uns auf etwas freuen können, motiviert oder demotiviert sind. Die Zeit, in der uns etwas völlig egal sein konnte, ist nun vorbei. Die Emotion, die beim Erinnern (also beim Öffnen eines Ordners) entsteht, entspricht demnach der Farbe des Ordners. Wir werden an anderer Stelle noch genauer beleuchten, dass beim Öffnen eines Ordners der Farbton durch die momentane Emotionslage zum Zeitpunkt des Erinnerns verändert wird. Wenn wir traumatische Erlebnisse ausnehmen, sehen wir, dass unsere Erinnerungen sehr variabel sind.

Diese Erinnerungsfähigkeit voraussetzend, können wir nun das Sozialverhalten der ersten Spitzmäuse als die Konsequenz dreier Motive (dreier neuer Systemprogramme) verstehen, die wir auch als Updateversion 1 des Froschgehirns, das dabei weiterhin aktiv bleibt, verstehen könnten:

Bindung

Mit diesem Programm wird unter anderem die Mutter-Kind-Beziehung aktiviert und so langfristig gewährleistet, dass Energie ausschließlich in die direkten Nachkommen und nahestehenden Verwandten investiert wird. Dadurch wird noch etwas Wichtiges möglich: Wir sind seit dieser Zeit in der Lage zu erkennen, wer im Ernstfall auf unserer Seite kämpfen würde, wer also Freund ist und wer Feind. Heute wissen wir, dass wir über Spiegelneuronen im Gehirn nicht nur das Verhalten anderer nachempfinden können, sondern dass sogar körperliche Reaktionen, die mit Angst, Aggression oder Freude in Zusammenhang stehen, *kopiert* werden. Geht es meinem Freund schlecht, so geht es auch mir körperlich schlecht – als Herdentiere synchronisieren wir unser Verhalten und unsere körperlichen Reaktionen mit Freunden, nicht aber mit Feinden. Seit dieses Programm aktiv ist, entstehen unterschiedlich starke Beziehungen zu Artgenossen. Nach diesem Prinzip wirken auch Wort-Bild-Marken und funktioniert Werbung: über die simple Erwartung meines (Überlebens-)Vorteils in der Zukunft. Enge Bindung und Beziehung kodiert unser Gehirn durch unterschiedlich starke Produktion des Hormons Oxytocin: Beim Anblick eines Freundes produzieren wir mehr, beim Gespräch mit einem ungeliebten Kollegen weniger davon. Seit dieser Zeit sind wir also gewissermaßen sozial abhängig geworden und wollen von jedem lieb gehabt werden. Bei zu geringer Oxytocin-Produktion können wir sogar krank werden.

Sicherheit

Seit Erfindung der „Festplatte" erinnern wir uns also an Erlebnisse – je emotionaler das Erlebnis, desto stärker die Erinnerung. Inhalte eines roten Ordners im Datei-Explorer, die Erinnerungen an angstbesetzte Ereignisse repräsentieren, sind im Spitzmausgehirn immer präsent und leicht abrufbar. Das scheint auch logisch, denn es geht ums Überleben.

Erinnert sich nun beispielsweise eine Spitzmausmutter an ein gefährliches Erlebnis, bei dem sie an einer Waldlichtung einem Luchs auf Futtersuche gerade noch entkommen ist, wird die gesamte „Szene", von den Gerüchen bis zum exakten Ort des Geschehens, in ihrem Hirn in einen Ordner verpackt, rot markiert und archiviert. Die Folge ist, dass die Spitzmausmutter zukünftig Angst bekommt und ihren Fluchtreflex aktiviert, wenn Ähnlichkeiten mit dem abgespeicherten Erlebnis auftreten: Kommt sie auch nur in die Nähe dieser Waldlichtung, wird sie ihr Verhalten plötzlich ändern.

Wir stammen von Säugetieren ab, die eine Möglichkeit gefunden haben, diese Information an Kinder und andere Herdenmitglieder weiterzugeben: Das Hochinteressante daran ist, dass, weil ja die Mutter mangels Kommunikationsmöglichkeiten wie Sprache, Mimik und Gestik die Information nicht direkt weitergeben kann, eine Form *indirekter* Kommunikation entstanden ist: Meidet die Spitzmausmutter regelmäßig, unter Beobachtung aller anderen Spitzmäuse, diese besondere Waldlichtung, nähert sich aber gleichzeitig anderen Waldlichtungen ganz gelassen, so haben alle Beobachter eine Regel „verstanden". Und ohne genau wissen zu müssen, warum, ahmen zuerst ein paar sehr nahestehende, dann viele und plötzlich alle Herdenmitglieder das Verhalten nach und meiden künftig diese Waldlichtung. „Kommunikation 1.0" könnten wir diese Form der Informationsweitergabe nennen, bei der nicht der Sender, sondern der innere Zwang zum Empfangen im Vordergrund steht. Seit dieser Zeit können wir nicht anders: Wir beobachten das Verhalten anderer und versuchen, statistisch relevante Verhaltensmuster abzuleiten. Wir versuchen, die für uns komplex und chaotisch erscheinende Welt also durch die Identifizierung von allgemeinen Regeln vorhersehbarer und damit kontrollierbarer zu machen.

Dieser Sicherheitstrieb zwingt uns demnach, zu beobachten, ob bei anderen auffälliges, noch nicht vorhersagbares (und dadurch verunsicherndes) Verhalten zu bemerken ist. Ist das der Fall, steigt sofort unsere Aufmerksamkeit: Wir beobachten noch genauer und versuchen, Gesetzmäßigkeiten zu erkennen. Ab einer gewissen Regelmäßigkeit des Wiederauftretens eines Ereignisses neigen wir nun dazu, an eine fixe Gesetzmäßigkeit zu glauben. Glauben wir, die Regeln erkannt zu haben, passen wir auch unser eigenes Verhalten entsprechend an. Wir kopieren in der Folge die Verhaltensmuster wichtiger Bezugspersonen. Daher ist beispielsweise Jammern so wunderbar ansteckend, weil wir aufgrund der Logik unseres Sicherheitstriebs dazu neigen, mit anderen „mit-zu-glauben".

Zusammenhänge müssen dabei zumindest sieben Mal beobachtbar sein, damit wir beginnen, an eine allgemeine Regel zu glauben. „Monte-Carlo-Syndrom" nennt man dieses Phänomen. Im Casino ist unser inneres Statistik- und Vorhersageprogramm ganz besonders deutlich erkennbar: Wenn wir an einem Roulette-Tisch stehen, an dem sieben Mal hintereinander Schwarz fällt, neigen die meisten von uns zur Überzeugung, dass die Wahrscheinlichkeit für die Farbe Rot beim achten Mal steigen muss. Das ist zwar mathematisch falsch, aber wir glauben daran, weil wir für die Vorhersage von Wahrscheinlichkeiten in kurzen Betrachtungszeiträumen optimiert wurden. Und in diesen Betrachtungszeiträumen ist es extrem unwahrscheinlich, dass sieben Mal und häufiger dieselbe Farbe fällt. Wir erwarten zu fünfzig Prozent eine Farbe, fällt sie mehrfach, steigt bei jedem Mal die gefühlte Wahrscheinlichkeit für die erwartete Gegenfarbe. Unser Gehirn ist eindeutig nicht für den Roulette-Tisch optimiert, egal ob in Monte Carlo oder Las Vegas ...

Meine Hypothese, warum wir bei siebenmaligem Auftreten eines Ereignisses unlogisch zu interpretieren beginnen, ist, dass unsere Wahrnehmung auf natürlich wahrnehmbare Regelmäßigkeiten in einer kurzen Lebensspanne und damit auf die typische Herdengröße hin entwickelt wurde. Zweiteres wird uns später bei der Diskussion zu unserer Ablenkbarkeit und der sinkenden Aufmerksamkeitsspanne wieder begegnen. So viel kann man aber verraten: Wir sind extrem empfänglich für Ablenkung: Speziell in Büros mit rund sieben Mitarbeitern, da wir in dieser Gruppengröße Gespräche noch getrennt voneinander wahrnehmen (müssen).

Das bedeutet zusammengefasst, dass unser Gehirn darauf hin optimiert wurde, Ereignisse vorhersagen zu können: Es bildet ständig Hypothesen. Je besser unsere Hypothese mit dem tatsächlich wahrgenommenen Ereignis übereinstimmt, desto sicherer fühlen wir uns. Einerseits sind unsere Hypothesen und Wahrnehmungen davon abhängig, wie wir die Welt gestern erlebt haben, und andererseits davon, wie unsere direkten Mitmenschen das getan haben. Mit ihnen sind wir nämlich emotional verbunden und in unserer eigenen Wahrnehmung von ihnen abhängig.

Neugierde

Wenn die zwei „Froschprogramme" Nahrungs- und Sexualtrieb und die „Spitzmausprogramme" Bindung und Sicherheit befriedigt sind, dann fühlen wir uns wohl. Wohlfühlen ist biologisch gleichbedeutend mit der Aktivierung des „Energiesparprogramms", das uns sinnvollerweise nur dann zur Energieinvestition motiviert, wenn es absolut notwendig ist. Es scheint nun aber so zu sein, dass wir von jenen primitiven Säugetieren abstammen, die – auch ohne ersichtlichen äußeren Grund – begonnen haben, Energie zu investieren, um die Welt nach Neuem und Interessantem zu durchforsten. Programm Nummer 3 war geboren: der Neugiertrieb, der in diesem Zusammenhang als innerer Antrieb zum Risiko zu verstehen ist.

Es ist keineswegs selbstverständlich, dass uns langweilig wird, wenn alle primären Bedürfnisse befriedigt sind. Es hatte aber offensichtlich einen entscheidenden biologischen Vorteil, den einen oder anderen Neugierigen in einer Herde zu haben; einen, an dem man beobachten konnte, welches neue Verhalten sich lohnt und welches man lieber bleiben lässt. Und das ist auch der Sinn der unzähligen selbst produzierten Action-Filmchen auf *YouTube*: Beim Ansehen erfahren wir, was wir garantiert nie ausprobieren werden. Zumindest gilt das für die meisten von uns. Genetische Diversität in einem Kollektiv hat sich immer ausgezahlt. Und so finden wir auch heute Menschen mit hohem oder niedrigem Blutdruck, mit schnellem oder langsamem Stoffwechsel, mit viel und wenig Muskelmasse; wir finden stressresistente und eher empfindliche und wir finden detailbesessene und fehleranfällige Mitarbeiter.

Beispielsweise waren jene Vorfahren mit genetisch bedingt erhöhtem Blutdruck wohl jene Exemplare, die bei einem Überraschungsangriff wesentlich schneller in die Gänge gekommen sind, alle anderen warnen konnten und dadurch die Überlebenschancen für alle erhöhten. (Das soll jetzt aber keine Jubelstimmung bei Bluthochdruck-Patienten auslösen, die durch chronischen Bewegungsmangel und Fehlernährung nicht selten selbst zum Problem beitragen: Zum Gesundheitsproblem wird Bluthochdruck erst, seitdem wir so alt werden. Sie haben also zwei Möglichkeiten, um nicht mit den negativen Folgen von Bluthochdruck konfrontiert zu werden: Eine davon ist, auf Bewegung und Ernährung zu achten. Die andere, möglichst nicht alt zu werden. Aber das ist für die meisten wohl keine erstrebenswerte Option.)

Neugierde nun in Abhängigkeit von Bindung und Sicherheit zu verstehen, halte ich für sehr wichtig und schlage folgende Formel für das bessere Verständnis unseres Spitzmausgehirns vor:

Bindung + Sicherheit = Neugierde

Das bedeutet logischerweise, dass Neugierde – und damit die innere Bereitschaft zur Energieinvestition – gering sein wird, wenn Bindung und Sicherheit nicht in gewissem Umfang gegeben sind. Es wäre biologisch zu riskant, in Phasen der Unsicherheit neue, unbekannte Verhaltensweisen auszuprobieren. In diesen Phasen verlassen wir uns auf bewährte Verhaltensmuster, von denen wir wissen, dass sie funktionieren. Umgekehrt kann ein Zuviel an Sicherheit langfristig nachteilig sein, da – wie beim Sicherheitstrieb dargestellt – die „Spitzmaus" nur dann passende Hypothesen bilden kann, wenn sie etwas riskiert und Neues über die Welt lernt. In einer Art Rückkoppelung aktiviert ein Zuviel an Sicherheit den Neugiertrieb: Uns wird langweilig und wir beginnen, etwas Neues zu suchen und auszuprobieren. Wir riskieren etwas und verunsichern uns dabei selbst, was ab einem gewissen Grad wiederum zur Hemmung der Neugierde führt.

Wendet man diese Logik in der Berufswelt an, ahnt man, warum Führungskräfte gut beraten sind, in Bindung und Sicherheit zu investieren, wenn Innovation und Anpassungsbereitschaft gefordert sind. Sie sollten auch verstehen, dass sie nicht dem Reflex nachgeben sollten, ausschließlich rational zu erklären, was zu tun ist. Der Mitarbeiterreflex, zu sagen: „Ich mach' es so wie in den letzten fünfzehn Jahren, weil das besser ist", resultiert also meist nicht aus fehlenden Erklärungen und Begründungen der Führungskräfte, sondern folgt auf einen Verlust an Sicherheit und Bindung. Kreativität kann sich unter Druck nicht entwickeln. Mehr dazu finden Sie in Kapitel 5 („Hirngerechte Mitarbeiterführung").

Für unsere Lerninstitutionen, ob für Kinder oder Erwachsene, gilt übrigens dasselbe: Begeisterung zum Mitdenken und Ausprobieren entwickelt sich nur, wenn auch die Beziehung zum Coach oder Lehrer stimmt. Kommt zu einer gestörten Beziehung dann auch noch ein fehlendes Problembewusstsein des Schülers dazu („Wozu brauche ich das?"), ist der Mix „perfekt": Gelerntes wird in einem Hirnbereich abgespeichert, der bei der Lösung neuer Probleme gar nicht aktiviert wird. Das bedeutet, dass diese Information nicht zum aktiven Lösen neuer Probleme verwendet werden kann. Es wurde einfach nur *kontextabhängig* auswendig gelernt, sodass „sinnvolle" Details abrufbar bleiben, wie zum Beispiel die Seite, auf der etwas steht. Oder man erinnert sich sehr gut an etwas, wenn man in derselben Umgebung ist. Sie kennen das bestimmt aus Ihrer Schulzeit ...

Eine wesentliche Eigenschaft unseres Spitzmausgehirns fehlt uns noch, die ich anhand einer fiktiven Geschichte darstellen möchte: Das Alphatier einer hungrigen Steinzeitmenschengruppe fordert zur Mammutjagd auf, die in zwei Varianten ablaufen könnte.

Beispiel A: Drei Männchen, Harald und seine Kumpel Karl-Heinz und Uwe, melden sich freiwillig, ziehen los und kehren nach einer Woche erfolglos – ohne Mammut, und nur mehr zu zweit – zurück. Die Grube für das Mammut war nicht tief genug gegraben worden und keiner der drei Jäger kam auf die Idee, Holzspeere in der Grube zu platzieren, damit das Mammut leichter getötet werden kann. Und Karl-Heinz hatte überhaupt Pech, er hat die Jagd nicht überlebt – er wurde von einem angreifenden Säbelzahntiger getötet: ein gescheitertes Projekt.

Beispiel B: Harald, Karl-Heinz und Uwe melden sich freiwillig, ziehen los und kehren nach fünf Stunden erfolgreich – mit einem getöteten Mammut – zurück. Sie hatten in diesem Beispiel großes Glück, ein Jungtier lag wenige Kilometer außerhalb ihres Lagers angeschlagen hinter einem Felsen. Das Tier war schnell getötet und zu ihren Familien zurück transportiert. Ein „quick win", quasi ein Geschenk und damit ein hoch erfolgreicher Projektabschluss.

In Beispiel A war die Stimmung, wie nach jedem gescheiterten Projekt mit unschönen Kollateralschäden, natürlich auf dem Tiefpunkt. In Beispiel B war das Gegenteil der Fall: Die drei Heimkehrer wurden wie Helden gefeiert, bekamen – natürlich erst nach dem Chef – als Erste zu essen und im Anschluss die coolsten Weibchen. Die Welt war für alle Beteiligten in Ordnung.

Auf die Frage des Chefs in Beispiel A, wer einen neuerlichen Versuch starten wolle, um das Überleben der Gruppe zu sichern, würden sich die beiden Überlebenden wohl nicht mehr melden: Erinnerungen an dramatische Erlebnisse führen bei den Heimkehrern zu Vermeidungsstrategien, da ihr Angst- und Belohnungszentrum genau das gelernt hat: Die beiden haben einen „roten Ordner" – entsprechend dem angstbesetzten Gedächtnisinhalt – angelegt, in dem alle schlimmen Szenen, Bilder und Gerüche der erfolglosen Jagd abgespeichert wurden. Die Konsequenz aus dem Gelernten ist individuell klar: zukünftige Vermeidung von Mammutjagden. Das Gedächtnis hat offensichtlich – aus der Perspektive der Gruppe – nicht nur Vorteile, denn ein Scheitern bedeutet auch immer das Ziehen persönlicher Konsequenzen.

Nun, was denken Sie, als Konsequenz welcher Erfahrungen in den beiden Beispielen ist langfristig die Innovation entstanden, Speere in Fallgruben zu platzieren? Und die Erkenntnis, dass es Sinn macht, sich wieder auf den Weg zu machen und es erneut zu wagen? Sie ahnen es wohl: in Beispiel A.

Biologisch betrachtet investierten wir ursprünglich nur in Verhaltensweisen Energie, die genetischen und damit direkten individuellen Erfolg versprachen. Das hat sich mit dem Zusammenschluss zu sozialen Gruppen verändern müssen: Eine Verhaltenslogik, die den kollektiven Nutzen über das erhöhte individuelle Risiko stellte, brachte enorme Vorteile, weil gemeinsame Ziele so viel nachhaltiger verfolgt werden konnten.

Es musste verhindert werden, dass jeder individuelle Misserfolg zur Vermeidung zukünftiger Energieinvestition (Demotivation) führte und der Einzelne trotz Misserfolgen wieder zum Risiko bereit war.

Das Problem wurde biologisch mit zwei neuen Eigenschaften unseres Gehirns elegant gelöst, die sich wechselseitig unterstützen. Eine Untersuchung an deutschen Soldaten in Afghanistan zeigt die erste Eigenschaft eindrucksvoll auf: Unsere Festplatte ist dynamisch und scheint binnen weniger Monate im Kriegseinsatz zu schrumpfen. Wir speichern in chronischen Stresssituationen nicht mehr effizient ab, was den Vorteil hat, dass wir uns morgen nicht mehr im Detail an das Drama von gestern erinnern müssen. Wir wissen auch, dass dieser Prozess – traumatische Erlebnisse ausgenommen – zum Glück reversibel ist. Für Frauen in der Zeit rund um die Geburt ihres Kindes und allgemein für Menschen in sehr belastenden Arbeitsphasen gilt übrigens dasselbe – was im Lichte dieser Betrachtungsweise auch nicht verwunderlich erscheint.

Eigenschaft Nummer zwei ist die Fähigkeit zur Belohnung durch Motivation: Jeder kennt die Emotionen und Gefühle, die entstehen, wenn wir glauben, dass sich unsere Energieinvestition gelohnt hat. Und jeder kennt das Gegenteil. Um zu entscheiden, ob wir uns weiterhin für dieselbe Sache anstrengen und eventuell ein erhöhtes Risiko eingehen sollen, haben evolutive Prozesse einen genialen Mechanismus selektiert, der durch die Produktion des Hormons Dopamin gesteuert wird: Je mehr Dopamin wir produzieren, desto optimistischer, euphorischer und motivierter fühlen wir uns, und desto eher sind wir bereit, in Zukunft unsere Energie wieder in dieselben oder ähnliche Tätigkeiten und Verhaltensweisen zu investieren. Wir werden quasi „von innen überredet", uns wieder anzustrengen und das Risiko eines möglichen Scheiterns in Kauf zu nehmen. Dopamin hat verhaltensmotivierende und erfolgssignalisierende Funktion und wird in hohen Dosen immer dann produziert, wenn wir nur knapp gescheitert sind oder knapp vor der Lösung eines Problems stehen – wie in Beispiel A. Wir sind also für regelmäßiges knappes Scheitern programmiert! Nicht aber für permanentes Scheitern, aber auch nicht für permanenten Erfolg. Im ersten Fall kommt es zu Resignation aufgrund gelernter Hilflosigkeit und im zweiten Fall zu Übermut und Faulheit, was wiederum das Lernen und die Weiterentwicklung hemmt. Bin ich immer erfolgreich, besteht kein Grund, an Verbesserungen zu feilen. Jeglicher Fortschritt, der für das Überleben in sich ständig verändernden Umweltbedingungen nötig ist, würde so unterbleiben. Ganz offenbar stammen wir also von Individuen ab, die Motivation erleben können, *obwohl* sie in ihrem Leben immer wieder gescheitert sind.

Die Logik des Belohnungssystems der Spitzmaus ist also einfach: Seit Jahrmillionen entsteht bei allen Säugetieren das befriedigende Gefühl der Belohnung durch die Entscheidung einer Energieinvestition für einen vermuteten Erfolg. Das erfolgt dann automatisch, wenn man auch zeitnah sehen kann, wofür man sich gerade angestrengt hat. Der konkrete Abschluss des Vorhabens ist dabei weniger wichtig als ein sichtbarer Fortschritt in die erwartete Richtung.

Das bedeutet, dass unsere Spitzmaus vor einer Entscheidung, sich für etwas anstrengen zu wollen oder zu müssen, eine genaue Vorstellung vom möglichen Verlauf, dem Aufwand und dem zu erwartenden Ergebnis hat. Sie kann und tut das aufgrund ihrer subjektiven Erfahrungen, dem Spektrum ihrer Erinnerungs-Ordner. Wir werden später sehen, dass es im Laufe der Entwicklung bis zum modernen Menschen zusätzliche Bedingungen für den Glauben an Erfolg gibt: rationales Verstehen (Sinn), die Möglichkeit, sich an Gruppenanstrengung beteiligen zu können (Partizipation), und Anerkennung in der Gruppe durch ritualisierte

Verhaltenssignale (Lob und Aufmerksamkeit von Ranghöheren, Aufstiegsaussichten für mehr Rang und Privilegien, Respekt von Gleichrangigen oder Untergebenen ...).

Seit Jahrmillionen ist also Anstrengung die Grundvoraussetzung für Belohnung und damit für Lustempfinden. Das war biologisch sinnvoll, weil nur mit zielgerichteter Anstrengung die Arterhaltung sichergestellt werden konnte. Leistungs- und Risikobereitschaft und die Sicht- und Spürbarkeit der Auswirkungen gezielter Energieinvestition sind also die Voraussetzung für die Produktion körpereigener euphorisierender Drogen.

Durch die Errungenschaften der Industrialisierung – Wohlstand und Konsum – hat sich in diesem Zusammenhang ein Problem ergeben: Unter modernen Lebensbedingungen ist Anstrengung zur Produktion von Dopamin nicht mehr unbedingt notwendig. Man kann seine Erfolgserwartung rasch und leicht befriedigen, man kann Lust ohne Anstrengung erleben, man kann sich durch Konsum einen schnellen kleinen „Dopamin-Kick" verschaffen und so den Lustgewinn von der anstrengenden Arbeit entkoppeln. Der fatale Lernschritt des Belohnungszentrums ist dann, dass nicht befriedigte Anstrengung leicht durch den kurzfristigen Erfolg des Konsums zu kompensieren ist. In der Folge beginnen wir, durch die Entkoppelung von Arbeit (= nur Anstrengung) und Konsum (= leichter Lustgewinn), die Arbeit als wesentlich anstrengender und als nicht lohnenswerten Aufwand zu empfinden. Gleichzeitig verstärken wir die Suche nach „quick wins" durch Konsum in unserem Verhalten: Die allgemeine Suchtproblematik in unserer Konsumgesellschaft ist die Folge.

Fazit: Weder Belohnung ohne Anstrengung noch Anstrengung ohne Belohnung (!), sondern einzig und allein direkte Belohnung von Anstrengung – also Lust an unserer Leistung – wird mit Motivation belohnt! Wer seine Arbeit interessant und herausfordernd finden kann, erlebt bei der Arbeit Lust, die zu mehr Leistungsbereitschaft und höherer Belastbarkeit führt.

An dieser Stelle sollten wir bereits erkennen, dass unsere moderne Arbeitswelt für die meisten Menschen keine hirngerechten Rahmenbedingungen zu schaffen imstande ist: Wir können, sofern wir nicht gerade als Handwerker arbeiten, die direkten Auswirkungen unserer täglichen Anstrengungen nicht mehr erkennen. Die Folge davon ist, dass unser Belohnungssystem die Arbeit als nicht mehr (be-)lohnenswert interpretiert und Jammerkultur, Zynismus, Motivationsprobleme und in der Folge Suchtprobleme und Überlastungssyndrome (wie Burnout), zunehmen.

CONTROLLER, BEWUSSTSEIN, VERSTAND, VERNUNFT UND SPRACHE

In der Evolution des Säugetiergehirns, also vom „Spitzmausgehirn" zu dem des modernen Menschen, ist eine auffällige Entwicklung erkennbar: Großhirn und vor allem Großhirnrinde haben sich in den letzten rund 200.000 Jahren stark vergrößert. Nicht nur das Volumen, sondern vor allem die Oberfläche der nur einen Millimeter dünnen äußersten Schicht unseres Gehirns haben sich sprunghaft vergrößert und differenziert. Im Speziellen auffällig war und ist die starke Entwicklung des vordersten Teils des Großhirns: des Stirnlappens oder präfrontalen Cortex. Die Entwicklung dieser neuen Hardware bedingt, wie schon bei Frosch- und Spitzmausgehirn, ein neues Verhaltensrepertoire: eine neue Software, die zu drei zentralen und eng miteinander verknüpften Fähigkeiten führt, die – bis auf wenige bekannte analoge Entwicklungen bei Nicht-Primaten – nur wir Menschen besitzen: Bewusstsein, Verstand, Vernunft und Sprache. Nur wir Menschen sind in der Lage, darüber nachzudenken, dass wir gerade darüber nachdenken.

Bewusstsein

Wir erkennen uns – meistens – im Spiegel wieder und können darüber nachdenken, *dass* wir gerade darüber nachdenken. Wir erleben die Welt bewusst. Das Geniale und Auffällige an diesem Entwicklungsschritt der Großhirnrinde generell und des Bewusstseins im Speziellen ist das Entstehen eines besonderen Netzwerks. Dieses verarbeitet kaum direkten Input von den Sensoren – also Augen, Ohren, Nase usw. (auch wenn wir das subjektiv so empfinden mögen) –, sondern bekommt seine Information zu rund neunzig Prozent durch unser Frosch- und Spitzmausgehirn vorgefiltert. Daher finde ich den Begriff des „Controllers" für die Rolle der Großhirnrinde, und im Speziellen der des Stirnlappens, naheliegend.

Unser Controller verarbeitet also die bereits modulierte Wahrnehmung der Welt von Frosch und Spitzmaus und konstruiert daraus die bewusste Wahrnehmung der außersubjektiven Wirklichkeit. Bewusstsein könnte man als Interpretation der Innenwelt beschreiben. Der komplizierte Vorgang des Radfahrens beispielsweise, mit allen unterbewussten Wahrnehmungen, die zur koordinierten und zielgerichteten Bewegung notwendig sind, wird in der bewusst gewordenen Realität lediglich als Wissen, dass wir gerade radeln, symbolisch repräsentiert. Nicht mehr die Einzelkomponenten des Vorgangs werden wahrgenommen, sondern nur mehr die bloße Tatsache, dass man gerade Rad fährt. Die Wahrnehmung wird dadurch abstrahiert und vereinfacht und redundante Information reduziert, um die bewusste Aufmerksamkeit auf die wesentlichen Dinge konzentrieren zu können.

In der menschlichen Individualentwicklung dauert die Ausbildung dieser Fähigkeit rund eineinhalb bis zwei Jahre. Und damit meine ich nicht das Radfahren, sondern das Bewusstsein.

Verstand und Vernunft

Zu den beiden Fähigkeiten – Verstand und Vernunft – führt uns ein einfaches Beispiel: Wenn eine Spitzmaus hungrig ist, irgendwo an einem Flussufer entlangläuft, am gegenüberliegenden Ufer einen Busch sieht und den Befehl „ihres" Frosches zum Fressen bekommt, wird sie handeln. Sie wird riskieren und springen, außer sie war schon in dieser Situation oder konnte irgendwann einen Artgenossen dabei beobachten, dem dieses Verhalten nicht gut bekommen ist. Wenn sie noch keinen roten oder grünen Ordner hat, also keine positive oder negative Erinnerung, die genau zu dieser Situation passt, wird sie das Risiko wagen und anwesende Artgenossen werden zusehen und lernen. Sie wird die Folgen ihrer Handlungen nicht vorhersagen können. Die Spitzmauslogik des „Beobachtenmüssens", haben wir bereits an anderer Stelle erläutert. Diese Strategie funktioniert allerdings nur bei einer ausreichenden Anzahl an Nachkommen. Bei maximal fünfzehn bis zwanzig möglichen Kindern im Leben einer Frau ist das Prinzip des „Ausprobierens und Beobachtens der Konsequenzen" langfristig nicht erfolgreich. Bei einer so geringen Anzahl an Nachkommen gilt es, das Leben jedes Einzelnen zu schützen.

Die Fähigkeit, *zuerst* darüber nachzudenken, ob uns eine bestimmte Sache auf eine bestimmte Weise gelingen könnte, ist die Fähigkeit, eine Theorie bereits in der Theorie sterben lassen zu können, ohne die Verhaltensweise tatsächlich auszuprobieren. Zusätzlich können wir uns eine alternative Lösung überlegen und auf unsere Erfahrungen zurückgreifen: *rationales Planen und Denken*. Es ist unsere Fähigkeit zum logischen Denken, unser Verstand, mit dem wir einen abgelegten Ordner öffnen und uns etwas bewusst in Erinnerung rufen und nutzen können. Wir sind dadurch in der Lage, unser Wissen neu zu kombinieren, um damit neue Lösungen für bestehende Probleme zu finden. *Fluide Intelligenz* nennen wir daher den Verstand in den Neurowissenschaften. Wir sind kreativ und können, wann immer wir wollen, weitere Optionen erfinden und durchdenken. Die Spitzmausmutter, die das unangenehme Erlebnis an einer bestimmten Waldlichtung mit dem Luchs hatte – Sie erinnern sich –, wird sich an dieses Ereignis nur beim Anblick dieser oder sehr ähnlicher Situationen erinnern. Sie würde sofort Angst bekommen und flüchten. Die Nutzbarkeit des Spitzmaus-Gedächtnisses ist kontextabhängig.

Durch Vernunft können wir unsere Erfahrungen auf eine weitere Weise nutzen: Wir können die Konsequenzen der Verhaltensvorschläge von Frosch und Spitzmaus reflektieren und eventuell zum Schluss kommen, dass der Impuls des Frosches langfristig nachteilig für uns wäre. Das gelingt dem Controller durch Verzögerung oder Unterdrückung der bereits unterbewusst vorbereiteten Handlungen. *Kognitive Kontrolle* nennen es Psychologen. Sich sprichwörtlich „im Griff zu haben", war offensichtlich schon bei unseren Vorfahren kein Nachteil. Durch unsere Vernunft sind wir auch in der Lage, wesentlich länger ein Ziel motiviert zu verfolgen. Die Aufrechterhaltung unserer Motivation ist durch die Logik unseres Spitzmausgehirns davon abhängig, eine direkte Rückmeldung zum Fortschritt unserer Anstrengungen zu erkennen. Nun ermöglicht uns das bewusste Aufschieben der unterbewussten Handlungsimpulse, dass wir wesentlich länger zu motivieren sind und auch langfristige Ziele anstreben und erreichen können. Wir werden aber sehen, dass genau darin der evolutive Rückschritt in der digitalisierten und fragmentierten Arbeitswelt zu finden ist: Unsere Vernunft ist durch Stress, chronisches Multitasking, ständige Unterbrechungen und Ablenkungen stark beeinträchtigt. Die vernünftige Reflexion eines Problems ist so nur mehr eingeschränkt möglich. Wir werden quasi in die Entwicklungsstufe, in der ausschließlich die direkte emotionale Reaktion auf ein Ereignis folgte, zurückgeworfen.

Dazu noch eine wichtige Betrachtung zum Zusammenhang von unterbewusster Emotion, bewusstem Gefühl und unseren körperlichen Reaktionen: Unsere Grundbedürfnisse haben wir als jahrmillionenalte Frosch- und Spitzmausprogramme kennengelernt: Nahrungs- und Sexualtrieb, Aggression, Bindungs-, Sicherheits- und Neugiertrieb. In der Kombination dieser grundlegenden Programme ergeben sich im Alltag zumindest sieben unterschiedliche Gefühlszustände oder Affekte, die unsere Entscheidungen leiten und die man uns sprichwörtlich ansehen kann: Fröhlichkeit, Wut, Ekel, Furcht, Verachtung, Traurigkeit und Überraschung. Es sind emotionale Ausdrucksformen, die übrigens kulturübergreifend bei allen Menschen auf gleiche Weise ausgedrückt und verstanden werden. Sie sind genetisch vererbt und nicht sozial oder kulturell erlernt und gehören damit zu unserer Grundausstattung. Unsere Gefühlszustände haben neben dem Gesichtsausdruck auch eine direkte körperliche Auswirkung: Das Herz rast, der Magen schmerzt, die Verdauung spielt verrückt, der Kopf wird rot und die Hände zittern. Es sind Vorbereitungsreaktionen auf Angriff oder Flucht. Unser Controller kann diese Reaktionen nur sehr schwer kontrollieren, auch wenn es vor einem möglichen Kampf Sinn machen würde, dem Gegner nicht gleich die eigene Angst zu zeigen. In so einer Situation mittels Selbstkontrolle so zu tun, als ob man cool und entspannt wäre, ist eine häufig zu beobachtende Verhaltensweise bei Rudelkämpfen oder schwierigen Verhandlungen. Oder beim Pokern.

Durch Angst und akuten Stress reduziert sich unser Speichelfluss, der Mund wird trocken. Einem Kontrahenten einfach vor die Füße zu spucken, könnte daher „beeindruckend" wirken, auch wenn das Herz rast. Damit wird signalisiert, dass man noch genügend Speichel zur Verfügung hat und einen die Situation daher überhaupt nicht stresst. Es ist eines unserer uralten Verhaltensprogramme. Das gilt selbstverständlich nur für den archaischen Rivalenkampf in der Savanne und für Teenager. Bitte probieren Sie es nicht im nächsten Mitarbeitergespräch aus! Es könnte im Büro, bedingt durch unsere sozialen Normen und Ritualisierungen, leicht falsch verstanden werden. Je stärker der Affekt, desto stärker die körperliche Reaktion und die damit verbundene subjektive Stresswahrnehmung. Und auch umgekehrt: Je geringer die körperliche Reaktion, desto schwächer ist die subjektive Wahrnehmung! Jeder, der durch körperliche Aktivität die Nebenwirkungen seiner Wut erfolgreich bekämpft hat, kennt den Zusammenhang: Werden Stresshormone durch Bewegung abgebaut, beruhigen sich Körper und Geist. Froschgehirn, Spitzmausgehirn und Körper bilden eine Einheit und sind in ihrer Funktionsweise untrennbar miteinander verbunden.

Wir haben bereits festgestellt: Den aktuellen Gefühlszustand aller anderen Herdenmitglieder „lesen" und damit mögliche Konsequenzen vorhersagen zu können, war eine wesentliche Voraussetzung für ein friedliches Zusammenleben in hierarchisch strukturierten Gemeinschaften.

Sprache

Fähigkeit Nummer drei gibt es in dieser differenzierten Form nur beim Menschen als hoch differenzierte Lautmodulation: die Sprache. Auch wenn ich mir nicht sicher bin, ob das Wort „hoch differenziert" wirklich auf alle Zeitgenossen zutreffen mag, so ist die menschliche Sprache im Vergleich zu unseren nächsten Verwandten ungleich komplexer. Erst im alkoholisierten Zustand feucht-fröhlicher Erregung, also kurz vor dem Verlust der Muttersprache, nähern wir uns dem Niveau der Schimpansen und Bonobos. Durch unsere komplexe Sprache sind wir Menschen schneller und differenzierter, weil wir nicht nur vom zeitintensiven Vorleben und Beobachtetwerden abhängig sind. Ich kann es aussprechen und werde auch verstanden: „Geh nicht zur

Waldlichtung XY, da wohnt eine Luchsfamilie; ich wäre dort fast gefressen worden!"

Die Ausbildung der menschlichen Sprache bedeutet nicht, dass wir die „Spitzmauskommunikation" verloren hätten. Auch wenn wir sie nicht immer bewusst wahrnehmen können, ist sie nach wie vor vorhanden. Das hat bekannte Konsequenzen: Unsere Worte entsprechen nicht unbedingt immer unserem Verhalten. Psychologen haben in diesem Zusammenhang festgestellt, dass Menschen dazu neigen, besonders häufig Verhaltensweisen zu besprechen und bei anderen einzufordern, die sie von sich selbst erwarten, gerade dann, wenn sie diese selbst nicht umsetzen. Eine Führungskraft oder ein Elternteil, der häufig Fleiß, Konsequenz und Genauigkeit einfordert und selbst durch gegenteiliges Verhalten auffällt, wird als unglaubwürdig erlebt. Das verleitet mich zu einer weiteren Formel:

$$\text{Taten} : \text{Worte} = \text{Glaubwürdigkeit}$$

Das bedeutet, je mehr Worte wir verlieren, desto schwieriger wird es, durch entsprechendes Verhalten ein hohes Maß an Glaubwürdigkeit zu erzeugen. Umgekehrt bedeutet es aber auch, dass wir mit vielen sichtbaren Taten deutlich weniger Worte für unsere Glaubwürdigkeit benötigen. Die Konsequenzen sind naheliegend: Fordern Sie nur die Dinge von anderen ein und sprechen Sie nur über jene Dinge, bei denen Sie sicher sind, dass Sie sie auch selbst seit geraumer Zeit tun. In diesem Zusammenhang möchte ich zwei „Klassiker" schildern:

Beispiel 1: Der Chef kommt hoch motiviert aus einem Führungskräfteseminar, mit neuem Wissen, Tipps und Tools bewaffnet, und versucht am nächsten Tag, sofort einiges davon umzusetzen. Seine Mitarbeiter kennen aber die Situation aus der

Vergangenheit und denken: „Der Chef kommt wieder von einem Seminar, redet schon wieder so verdächtig motiviert, hat aber bestimmt nach zwei Wochen alles vergessen." Und genauso ist es meistens auch. Viele Worte und Erklärungen können nur dann als glaubwürdig empfunden werden, wenn der Sender selbst auch gleichzeitig das entsprechende Verhalten in der nahen Vergangenheit gezeigt hat.

Beispiel 2: Der Chef kommt regelmäßig zu spät und schlecht vorbereitet zu Besprechungen. Er liefert immer gute Erklärungen dafür, verlangt aber von den Mitarbeitern Pünktlichkeit und genaue Vorbereitung. Glaubwürdigkeit wird so nicht entstehen. Wenn wir uns noch vergegenwärtigen, dass wir durch die „Spitzmauslogik" des unterbewussten Beobachtens dazu neigen, häufige Verhaltensweisen wichtiger Bezugspersonen unreflektiert zu kopieren, wird klar, warum wir es heute signifikant oft mit einer Besprechungskultur dieser Prägung zu tun haben.

UNTERDIMENSIONIERTER ARBEITSSPEICHER

Wir haben in dem vereinfachenden Bild unseres Gehirns drei Bereiche: den Frosch, die Spitzmaus und den Controller, mit unterschiedlicher Vergangenheit und entsprechend unterschiedlicher Wahrnehmung und Sichtweise, kennengelernt. Es stellt sich nun die logische Frage, wie diese Bereiche miteinander kommunizieren, um zu einer verhaltensauslösenden Entscheidung zu kommen.

Es könnte sein, dass der Frosch in Ihnen gerade sagt: „Leg das Buch weg, geh zum Kühlschrank und friss, was du siehst." Dann könnte sich Ihre Spitzmaus einmischen und sagen: „Es gibt gerade ein bisschen Dopamin. Das fühlt sich gut an und motiviert zum Weiterlesen." Es ist auch anstrengend und der Controller behauptet gerade: „Es ist neu und interessant! Wir bleiben jetzt sitzen." Er könnte noch hinzufügen: „Mitten im Kapitel das Buch wegzulegen, bedeutet, dass ich beim nächsten Mal wieder von vorne beginnen muss, weil ich den Faden verliere und dem Gedankengang nicht mehr folgen kann. Das habe ich schon öfter erlebt und es ist frustrierend. Lies bitte zuerst das Kapitel fertig, höre nicht auf den Frosch, verhungern muss ich noch nicht und abnehmen will ich ohnehin."

Der Hirnbereich, an dem die primären Impulse des Frosches und die emotionalen Vorschläge der Spitzmaus kontrolliert werden, ist jener Bereich des Controllers, der, evolutiv betrachtet, nach wie vor am stärksten wächst: der Stirnlappen oder präfrontale Cortex. Wir können diesen Bereich vereinfachend unseren modernen Arbeitsspeicher nennen. In diesem Bereich, findet unsere Aufmerksamkeits- und Impulskontrolle statt; hier wird situationsabhängig entschieden, welcher Verhaltensvorschlag zum Zug kommt. Hier wird auch bestimmt, welches Verhalten aufgrund unserer momentanen Bedürfnisse, Motive und Erfahrungen am lohnendsten erscheint. Wir entscheiden grundsätzlich nach einer einfachen Logik: Der Controller versucht jene Vorschläge, die von ihm als momentan unpassend bewertet werden, zu unterdrücken.

Je stärker aber die Impulse von Frosch und Spitzmaus sind, desto schwieriger wird deren Unterdrückung. In lebensbedrohlichen Situationen, in denen das „Froschprogramm" mit seinem Aggressionsmuster die Steuerung übernimmt, kommt zur Impulsstärke der Angstreaktion noch dazu, dass die Reaktionszeiten der drei Bereiche auf äußere Reize ganz unterschiedlich sind: Der Frosch reagiert bereits nach rund 100 Millisekunden, die Spitzmaus 50 Millisekunden später und der Controller erst 300 Millisekunden nach dem Reizkontakt. Der Grund liegt an der „Kabellänge": Der Frosch bekommt als Erster Input von den Sensoren, was gleichbedeutend mit dem kürzesten „Kabel" ist. Unsere erste Reaktion ist also immer froschgesteuert (Nahrung, Sexualität und Aggression) und kann, unter bestimmten Voraussetzungen, durch den Controller unterdrückt werden.

Um zu verstehen, wann der Controller seiner Aufgabe nachkommen kann, ist es notwendig, die Leistungsfähigkeit des Controllers – unseres bewussten Arbeitsspeichers – der Leistungsfähigkeit des unterbewussten Frosch- und Spitzmaushirns gegenüberzustellen. Dabei stellen wir eine signifikant unterschiedliche Verarbeitungskapazität fest: Rund 11.000.000 Bit pro Sekunde werden im parallel und unterbewusst arbeitenden Frosch- und Spitzmausgehirn verarbeitet – darunter alle nicht bewusst wahrgenommenen Eindrücke wie Gerüche, Geräusche, Bewegungen, Gegenstände und Gesichtsausdrücke von außen sowie verschiedene Körperempfindungen von innen wie Körperposition, Schmerzen und Ähnliches.

Demgegenüber stehen fast lächerlich wirkende 40 Bit pro Sekunde, die, im ausschließlich seriell arbeitenden *bewussten* Arbeitsspeicher, zur Verfügung sind. Dieser Arbeitsspeicher ist mit unserer Aufmerksamkeit gleichzusetzen. Sind Sie konzentriert und fokussiert – wie gerade jetzt beim Lesen des Buchs –, verwenden Sie die gesamten 40 Bit ausschließlich für diese eine Tätigkeit. Sie lesen sehr aufmerksam. Schaffen Sie es nicht, konzentriert zu bleiben, wechseln Sie ständig den *Fokus* Ihrer Aufmerksamkeit und „springen" von einem Gedanken zum nächsten. Sie bemerken vielleicht erst nach Minuten, dass Sie kein Wort des Kapitels verstanden haben, weil Ihr Controller anderweitig beschäftigt war. Sie waren eben unkonzentriert. Sie können sich unsere Aufmerksamkeit wie den Lichtkegel einer Taschenlampe vorstellen, die in das Dunkel unserer unbewussten Wahrnehmungen leuchtet. Wohin der Spot gerade fällt, dorthin richtet sich unser Bewusstsein. Der Spot der Taschenlampe ist demnach nichts anderes als der kleine Ausschnitt aller Wahrnehmungen, den wir bewusst wahrnehmen und benennen können.

Den Controller, unsere Vernunft, zu aktivieren, kostet viel Energie und dauert vergleichsweise lange. Seine Aufgabe ist es, die

Verhaltensvorschläge von Frosch und Spitzmaus einer weiteren Bewertung zu unterziehen und bei Bedarf aufzuschieben oder ganz zu unterdrücken. Dies gelingt durch einen Vergleich mit den Inhalten der bereits abgespeicherten Ordner, unseren bewussten Erinnerungen. Durch die Komplexität dieses Prozesses ist es nicht verwunderlich, dass der Controller nur dann in der Lage ist, seine Aufgabe zu erledigen, wenn er seine maximale Leistungskapazität zur Verfügung hat. Wir können es auch so formulieren: Wenn wir unkonzentriert und abgelenkt sind, nicht 40 Bit pro Sekunde für eine Aufgabe verwenden, also wie wild mit unserer Taschenlampe umher leuchten, wird die Unterdrückung der Froschvorschläge nicht gelingen.

So werden wir also „froschgemäß" aggressiver, lauter, zynischer oder abwehrender; unsere soziale Verhaltenskontrolle wird schwächer: Wir reagieren „unvernünftig". Wer hat noch nicht erlebt, dass man im ersten Ärger Sätze formuliert, die einem später leidtun. Dem Partner, den Kindern, den Kollegen und den Mitarbeitern gegenüber treten wir in stressigen Phasen intoleranter, abwehrender und aggressiver gegenüber. „Impulskontrolle" oder „Belohnungsaufschub" nennen Psychologen die trainierbare Fähigkeit, *nicht sofort* zu reagieren, sondern kurz abzuwarten und bei einer Entscheidung den oft energieaufwendigeren, aber langfristig lohnenderen Weg zu gehen. Was in diesem Zusammenhang trainiert werden sollte, ist also die Konzentrationsfähigkeit: die Fähigkeit, unsere 40 Bit pro Sekunde möglichst lange für *eine* Tätigkeit zu nützen. Wir sollten lernen, den Spot unserer Taschenlampe zu kontrollieren. Man ahnt an dieser Stelle die konkrete Problemstellung im Büroalltag: Ständige Ablenkungen und Arbeitsunterbrechungen bei permanenter Erreichbarkeit sind ein effizientes Trainingslager für einen möglichst schnellen Wechsel des Spots. Man optimiert so nur die Ablenkbarkeit, nicht aber die Fokussierung. Es ist legitim, zu behaupten, dass wir aus Sicht der Anforderungen in der modernen Arbeitswelt Erben eines völlig unterdimensionierten Arbeitsspeichers sind. Unser Spot ist einfach zu klein. Wir werden aber auch sehen, dass wir in bestimmten Situationen den Spot „unscharf" stellen und damit defokussiert weiter aufmerksam sein können.

Ein sehr treffendes Beispiel ist aus der Glücksforschung bekannt: Eine bestimmte Fließbandarbeiterin zeichnet sich im Vergleich zu ihren Kolleginnen dadurch aus, dass sie die monotone Arbeit deutlich motivierter hinter sich bringen kann. Die Arbeitszeit vergeht für sie schneller und am nächsten Tag muss sie sich nur selten zur Arbeit zwingen. Manchmal kann sie sogar Vorfreude empfinden.

Mit unserem Wissen können wir die Suche nach einer Erklärung auf die Frage eingrenzen, warum diese spezielle Fließbandarbeiterin mehr Dopamin produziert als ihre Kolleginnen, die am selben Fließband arbeiten. Wir erinnern uns an die Logik der Spitzmaus: Dopamin produzieren wir nachhaltig nur, wenn wir uns anstrengen müssen *und* zeitnah sehen, ob sich die Anstrengung, im Sinne des erkennbaren Fortschritts, lohnt. Daraus entstehen Vorfreude und Motivation, die Bereitschaft zur weiteren Energieinvestition und letztlich der Glaube an das Erreichen des gesetzten Ziels.

Die konkrete Aufgabenstellung einer Fließbandarbeiterin besteht beispielsweise darin, Bleistifte in einen Karton zu schlichten. Sie kann zeitnah erkennen und nachvollziehen, dass sie während ihrer Schicht Bleistifte in Kartons geschlichtet hat. Sie sieht also ihren Erfolg und hat ihr Ziel erreicht, wenn um 17 Uhr die Glocke läutet, um den Schichtwechsel anzuzeigen. Diese Rahmenbedingungen gelten auch für alle anderen und dennoch unterscheidet sich unsere Arbeiterin von den anderen. Betrachten wir diese Tätigkeit genauer, fällt das Fehlen der notwendigen

Anstrengung auf, die, im Sinne einer Herausforderung, notwendig ist, um Dopamin zu produzieren. Doch wie ist die Herausforderung einer Tätigkeit definiert? Als herausfordernd empfinden wir Tätigkeiten, wenn wir nicht über- und nicht unterfordert sind. Es darf uns also nicht zu leicht, aber auch nicht zu schwer fallen. Im Falle der Fließbandarbeit bedeutet das, dass die Tätigkeit, die ja bereits nach wenigen Arbeitstagen durch Kompetenz und Routine unterfordernd sein wird, „künstlich" schwieriger gemacht werden muss.

Warum, ist leicht nachzuvollziehen: Für monotone Tätigkeiten benötigen wir nicht unsere maximale Aufmerksamkeit, unsere 40 Bit pro Sekunde. In solchen Situationen passiert etwas, das wir an sehr stressigen Tagen auch beim Einschlafen erleben können: Sobald es in unserem Kopf ruhig ist, fallen uns plötzlich all die angstbesetzten Dinge ein, die uns gerade beschäftigen. Soziale Konflikte, finanzielle Sorgen und unerledigte Aufgaben stehen ganz oben in der Hitparade der quälenden Gedanken. Angstauslöser lassen uns folglich immer dann über offene Probleme unseres Lebens nachdenken, wenn wir nicht konzentriert bei einer Tätigkeit sind und 40 Bit für diesen einen Prozess verwenden. Um das Bild der Taschenlampe noch einmal zu bemühen: Wenn wir den Fokus des Spots nicht scharf auf eine Sache richten, ist beim üblichen Alltagsstress die Wahrscheinlichkeit groß, dass uns unangenehme Gedanken und Sorgen zu quälen beginnen. Da bei unterfordernder Tätigkeit ebenso wenig die gesamten 40 Bit für eine Tätigkeit verbraucht werden, neigen Fließbandarbeiterinnen dazu, während des Schlichtens der Bleistifte gleichzeitig an etwas anderes zu denken. Sie arbeiten also unkonzentriert und „verschleiern" damit auch noch die Sichtbarkeit des Ergebnisses ihrer Anstrengungen.

Unkonzentriert zu sein, bedeutet nicht zwingend, dass man immer negative Gedanken auslöst – dafür muss es selbstverständlich einen Grund geben. Sind wir generell entspannt und beschäftigen uns gerade nicht mit einer konkreten Aufgabe, so schaltet unser Gehirn gewissermaßen in einen „Offlinemodus", in dem jene Teile des Controllers abgeschaltet werden, die auf die Lösung von Aufgaben von außen spezialisiert sind. Das Gehirn beginnt sich also quasi mit sich selbst zu beschäftigen und aktiviert Gehirnteile, die Erholung und Entspannung ermöglichen. Mehr dazu schildere ich im zweiten Kapitel. Nicht konzentriert, aber monoton zu arbeiten, bedeutet aber in jedem Fall, dass weniger Dopamin ausgeschüttet wird und die Zeit langsamer zu vergehen scheint.

Was unsere motivierte Fließbandarbeiterin schaffen muss, ist einleuchtend: Sie muss ihre gesamten 40 Bit pro Sekunde Prozessorleistung zum Schlichten der Stifte verwenden, ihr Gehirn also gleichsam dazu *zwingen*, bei einer Tätigkeit zu bleiben. Das kann ihr gelingen, wenn sie zum Beispiel Stifte und Kartons zählt und sich darauf konzentriert, immer wieder ihren eigenen Rekord zu brechen. Sie richtet, bedingt durch (intrinsische) innere Motivation, den Spot Ihrer Taschenlampe kontrolliert auf die Stifte.

Genau diese Strategie ist aus unzähligen Beispielen bekannt und zeigt uns die einfache Logik unseres „Problemlösungsapparats". Sehen wir kein Problem, das wir zeitnah lösen könnten, so beginnen wir, über Sinn und Unsinn nachzudenken. Als eine negative „Nebenwirkung" der Fähigkeiten des Controllers fallen wir im schlimmsten Fall (wie auch Beispiele von Einzelhäftlingen zeigen) in schwere Depressionen und entwickeln Suizidgedanken.

An dieser Stelle treffen sich zwei Beispiele: das der demotivierten Fließbandarbeiterinnen und das eines Projektmanagers, der – zerrieben zwischen Projekt- und Linienverantwortung, ständiger Erreichbarkeit, Ablenkung und permanenter Unterbrechung

– versucht, seinen Projektabschluss zu erreichen. Die Situation des Projektmanagers ist überfordernd und er kann keine zeitnahen Teilerfolge, keine Meilensteine, erkennen. Das unterscheidet die beiden. Das Gemeinsame zwischen ihnen zeigt sich in der identen Reaktion ihrer Arbeitsspeicher auf Über- und Unterforderung: In beiden Fällen werden nicht 40 Bit Prozessorleistung für *eine* Tätigkeit verwendet. Einmal, weil die Tätigkeit zu leicht fällt und keine Konzentration mehr erfordert, das andere Mal, weil Überforderung den Arbeitsspeicher zum Multitasking zwingt.

Unterschwellige Angst bedeutet biologisch ein erhöhtes Erregungsniveau. Das wiederum ist gleichbedeutend mit leichterer Ablenkbarkeit. Durch permanentes Aufsuchen unserer „Baustellen" erzeugen wir in uns ein kurzfristiges Gefühl der Sicherheit. Wir neigen in diesem „Betriebsmodus" sehr deutlich dazu, ständig zwischen unseren einzelnen Aufgaben zu wechseln. Sehr häufig auch ohne äußere Störfaktoren.

Es geht mir in den folgenden Kapiteln darum, ein zentrales Problem unserer modernen Arbeitswelt zu identifizieren und kausal verständlich zu machen. Stark vereinfacht würde ich bereits an dieser Stelle zu formulieren wagen: Wir sehen nicht mehr zeitnah, wofür wir uns anstrengen, produzieren dadurch weniger Dopamin, verlieren unsere Motivation, empfinden Arbeit damit als wesentlich anstrengender, glauben nicht mehr an das Erreichen gesteckter Ziele und fühlen uns fremdbestimmt und häufig als Opfer. Gleichzeitig verlieren wir die Fähigkeit, uns länger zu konzentrieren und zuzuhören. Ungeduld und schlimmstenfalls Aufmerksamkeitsstörungen, nicht nur bei Kindern, scheinen sich als globales Problem der digitalisierten Welt abzuzeichnen.

Wir werden uns in den folgenden Kapiteln Gedanken darüber machen, wie wir „hirngerecht" mit den neuen Anforderungen umgehen müssen, um der Logik unseres Erbes gerecht zu werden. Wir brauchen uns aber grundsätzlich keine Sorgen zu machen: Unser Gehirn passt sich an jede Rahmenbedingung an. Die Frage nach den Konsequenzen für unsere Gesundheit, unsere Motivation und unsere Arbeitsleistung gilt es aber zu beachten.

ZUSAMMENFASSUNG

Unsere eigene Entwicklungsgeschichte bescherte uns einen Wahrnehmungsapparat, der nicht so einheitlich ist, wie wir ihn subjektiv empfinden. Unterschiedliche Perspektiven und damit Problemlösungsvorschläge sorgen für ständige Diskussionen in unserem Gehirn. Frosch, Spitzmaus und Controller wetteifern ständig um die Steuerung unseres Verhaltens. Sie funktionieren zwar nicht unabhängig voneinander und beeinflussen sich sogar permanent gegenseitig, reagieren aber auf verschiedene Reize unterschiedlich stark. Was uns vom Tier unterscheidet? Wir erlangten im Laufe der Evolution Kontrolle über unsere animalischen Triebe durch die Vernunft des Controllers. Sie ermöglicht uns die bewusste Beeinflussung unbewusster Impulse durch Achtsamkeit und Geduld. Dieser Teil unseres Gehirns ähnelt funktionell einer Taschenlampe: Wir sehen damit zwar nur einen sehr kleinen Ausschnitt unserer Umwelt, diesen dafür aber sehr genau beleuchtet.
Trotzdem scheinen unsere Neugierde, unsere Begeisterung und unser Lebensglück nicht von unserer Vernunft allein abzuhängen. Schon eher von einigen wenigen Hormonen, die unsere Spitzmaus produziert, wie beispielsweise dem Dopamin. Diese euphorisierende Droge wird nur unter bestimmten Umständen von unserem Gehirn produziert, wodurch wir innere Zufriedenheit erleben, motiviert sind, und an einen Sinn in der Anstrengung selbst zu glauben beginnen.

Kapitel 2

Stress und innere Widerstandskraft

- Warum kommt es vor, dass wir uns manchmal trotz hoher Arbeitsbelastung nicht überfordern, in einer anderen, oft weniger stressigen Arbeitssituation aber sehr wohl?
- Was empfinden Menschen eigentlich als extrem belastend?
- Was sind – in unseren Breiten und Arbeitszusammenhängen – die wichtigsten Belastungsfaktoren und warum fühlen wir uns scheinbar immer häufiger überlastet, depressiv, antriebslos und ausgebrannt?

Wir werden im Folgenden einen Blick auf die Logik unseres Belohnungssystems, auf die Rahmenbedingungen unserer Lebenssituation und auf den Einfluss der Persönlichkeitsstruktur und unserer individuellen Lebenserfahrungen werfen. Wir sollten versuchen, die Ursachen individueller Überforderung zu verstehen, um differenziert auf diese viel diskutierte Thematik eingehen zu können. Wir werden sehen, dass das Einnehmen einer Opferrolle, das Entstehen von Pessimismus, Resignation, Zynismus und einer „Jammerkultur" Symptome sind, die in Zusammenhang mit den anhaltenden Gefühlen von Hilflosigkeit und Fremdbestimmtheit auftreten. So wird sich zeigen, dass es selten die tatsächliche Menge an Arbeit und Anforderungen allein ist, die uns überlastet, sondern vielmehr das subjektive Gefühl, all das nicht (mehr) bewältigen zu wollen und letztendlich auch nicht mehr zu können.

GELERNTE HILFLOSIGKEIT

Einer der wesentlichsten Faktoren, den ich zu Beginn hervorheben will, weil er am Arbeitsplatz besonders relevant ist, ist das Gefühl, „Passagier" zu sein. Betroffene haben den Eindruck, nur mehr zu „funktionieren", von anderen gelenkt und gesteuert zu werden und selbst nichts mehr beeinflussen zu können. Ich möchte dazu ein Tierexperiment erwähnen, das uns zeigt, unter welchen Umständen Säugetiere mit körperlichen Symptomen auf Stress reagieren.

Die Anordnung dieses Experiments ist recht einfach: zwei Ratten, zwei Käfige. Beide Käfige waren in diesem Versuch mit einer stromleitenden Bodenplatte ausgestattet, die wiederum über ein Kabel mit einem Stromgenerator verbunden war. Betätigte ein Experimentator den Knopf am Stromgenerator, wurden beide Bodenplatten gleichzeitig unter Strom gesetzt. Es erfolgte ein kleiner Schmerzreiz, der körperliche Stressreaktionen bei beiden Tieren auslöste. Wurde in der Folge immer 10 Sekunden nach dem Aufleuchten einer roten Lampe der Schmerzreiz generiert, lernten die beiden Ratten nach wenigen Wiederholungen den Zusammenhang zwischen Rotlicht und Schmerz – eine klassische Konditionierung. In der Folge zeigten beide Tiere nach dem Aufleuchten des Lichts auch ohne den tatsächlichen Schmerzreiz eine Angst- und Vermeidungsreaktion.

Bei der beschriebenen Versuchsanordnung waren immer beide Ratten demselben Schmerzreiz und Stress ausgesetzt. Installierte man nun in Käfig A einen Hebel und ließ diese Ratte lernen, dass sie den Schmerz verhindern kann, wenn sie den Hebel betätigt, wurde es interessant: Die Ratte in Käfig A lernte rasch, sich die Schmerzen vom Leib zu halten, und tat es, ohne dass sie es wusste, auch für die Ratte im anderen Käfig. Von einer objektiven Seite aus betrachtet waren noch immer beide Ratten demselben Stress (Schmerz) ausgesetzt. Ein Unterschied bestand aber bereits: Der Workload, also der messbare Arbeits- und Energieaufwand, war für die Ratte im Käfig A erhöht, weil sie für die Vermeidung des Schmerzes selbst „verantwortlich" war.

Man ging in diesem Experiment dann noch einen Schritt weiter und erhöhte den Workload für Ratte A, indem man die

Zeitspanne vom Aufleuchten der roten Lampe bis zum Strom-
stoß veränderte, sobald die Ratte das Muster gelernt hatte, also
rechtzeitig den Hebel betätigte. Dadurch wurden die tatsächlich
verabreichten Stromstöße wieder häufiger, auch für Ratte B. Diese Musterunterbrechungen wiederholte man einige Zeit, sodass
Ratte A immer wieder neu lernen und sich anpassen musste und
dadurch im Vergleich zu Ratte B wesentlich mehr Energie inves-
tierte.

Das Spannende an diesem Tierexperiment ist, dass, egal wie oft
man es wiederholte, immer *eine* Ratte starb. Und zwar Ratte B,
die sich im Käfig *ohne* Hebel weniger anstrengen musste und
daher einen geringeren Energieaufwand hatte. Sehr oft antworten mir Menschen, denen ich bei meinen Vorträgen die Frage
stelle, welche Ratte mehr leidet und letztendlich stirbt, spontan:
„Ratte A mit dem Hebel natürlich!" Was wir aber heute wissen,
ist, dass in diesem Experiment Ratte B alle bekannten Wider-
standsphasen bis zur Resignation durchläuft. Dabei produziert
sie Unmengen an Stresshormonen und beginnt rasch an den
körperlichen und geistigen Folgen zu leiden, was Ratte A, trotz
höherem Workload, erspart bleibt. Nachdem Ratte B anfänglich
versucht hatte, den Kontrollverlust durch Vermeidungsreaktio-
nen zu umgehen, lernte sie rasch, dass für sie alle Bemühungen
umsonst sind. Für sie hatte es also gar keinen Sinn, sich anzustrengen und neue Lösungsstrategien zu entwickeln. „Gelernte
Hilflosigkeit" nennen Psychologen dieses Phänomen.

Was lernen wir daraus? Nicht nur Ratten, sondern auch wir sind
ganz besonders empfindlich, wenn sich das Gefühl einstellt, etwas nicht (mehr) beeinflussen zu können. Die fatale Konsequenz
dieses Gefühls bei uns Menschen ist generelle Resignation, die
plötzlich alle Lebensbereiche betreffen kann. Wir verlieren dabei
den Glauben an die Sinnhaftigkeit einer Energieinvestition, weil

wir lernen, dass jeglicher Einsatz zu nichts führt. Daher lassen wir es bleiben und setzen unsere letzte Strategie zur Problemlösung ein: Wir versuchen, die Situation aus- und durchzuhalten, in der Hoffnung, dass sich das Problem von allein löst. Dafür benötigen wir einen Mix unterschiedlicher Stresshormone, die kurzfristig Linderung verschaffen, aber langfristig fatale Folgen haben, wie wir noch in diesem Kapitel beim Thema „chronisch unkontrollierbarer Stress" sehen werden.

Noch eine unangenehme Erkenntnis aus ähnlichen Experimenten an Primaten möchte ich erwähnen: Resignation und folglich Pessimismus führen zu nachweislichen Lernschwierigkeiten. Wir werden sprichwörtlich dumm, weil wir komplexere Probleme immer schlechter lösen können, uns Dinge nicht mehr merken und letztlich auch gar nicht mehr aktiv mitdenken wollen.

Wir halten fest: Es ist also vordergründig nicht der Workload, auf den wir mit Stress reagieren. Die Überlastungsrate hängt auch gar nicht direkt und ausschließlich mit dem tatsächlichen Arbeitsaufwand zusammen, sondern wird durch ganz andere Faktoren maßgeblich beeinflusst. Natürlich kann man es auch übertreiben mit dem Dauerarbeiten, ohne sich Regenerationszeiten zu gönnen. Aber wichtig ist, dass nicht primär der Workload das Problem darstellt, sondern das Gefühl der Ohnmacht, bei dem die Überzeugung überwiegt, dass sich Energieinvestition nicht mehr lohnt.

IM BEARBEITUNGS-, ERWARTUNGS- ODER OFFLINEMODUS

Bevor wir uns genauer den täglichen Herausforderungen, Überlastungen und langweiligen Routinetätigkeiten widmen, muss ich in diesem Zusammenhang noch etwas Grundsätzliches über unseren Wahrnehmungsapparat schildern: Wir wechseln ständig zwischen unterschiedlichen „Betriebszuständen", um uns auf Anforderungen oder Phasen des Nichtstuns einzustellen. Entweder sind wir hoch konzentriert mit einer Aufgabe beschäftigt oder wir überwachen unsere Umgebung, weil wir eine Gefahr regelrecht erwarten. Trifft beides nicht zu, gehen wir *offline*, wir beschäftigen uns mit uns selbst und sortieren unsere Gedanken. In diesem Zusammenhang fällt mir eine Urlaubsbeobachtung ein:

Ich besuchte im letzten Sommer mit meiner Familie ein Gehege mit frei lebenden Affen und war erstaunt, wie deutlich die drei Betriebszustände an Verhalten, Mimik und Gestik wirklich ablesbar sind: Ich konnte ein sehr junges Weibchen dabei beobachten, wie es hoch konzentriert mit dem Schälen einer Banane beschäftigt war. Es konnte wirklich durch nichts abgelenkt werden. Selbst als das Alphatier der Affengruppe einem frechen Jungtier lautstark Prügel androhte, blieb das junge Weibchen völlig auf seine Banane konzentriert. Wirklich erstaunlich, denn die Drohgebärden waren furchterregend. Gleichzeitig fiel mir die Mutter des jungen Weibchens auf, die permanent mit weit geöffneten Augen alles musterte, was sich bewegte. Zwischen den vielen Affen und Touristen bewegte sich natürlich sehr viel, sie hatte daher offenbar den „Gefahrensuchmodus" aktiviert. „Der typische Mutterinstinkt", dachte ich mir. Auffällig war übrigens auch das dazugehörige Männchen, das gleichzeitig einen völlig abwesenden und entspannten Eindruck machte. Es blieb von all der Unruhe, dem Gekreische der Affen und dem Gezappel der Kinder völlig unbeeindruckt, obwohl es weder eine Banane verzehrte, noch sich sonst irgendeiner Aufgabe widmete. Nichts zu tun und gleichzeitig völlig abwesend - ein klarer Fall: Das Männchen war definitiv offline.

Ich habe die drei von mir Beobachteten angesprochen: Es war eine sehr nette Familie aus Nordrhein-Westfalen, die mir meine Vermutungen bestätigte und sich darüber verwundert zeigte, dass ich mich auf sie konzentrierte und nicht den Ausführungen des Biologen zum Verhalten der Affen folgte. Wenn Sie Ihre Mitmenschen beobachten, können Sie die unterschiedlichen Betriebszustände also durchaus erkennen und gegebenenfalls darauf Rücksicht nehmen.

Der Bearbeitungsmodus

Wird eine Aufgabe als besonders wichtig eingestuft oder als eine potenzielle Gefahr erkannt, fokussieren Frosch und Spitzmaus unseren Controller auf eine Tätigkeit: auf die Bearbeitung der Aufgabe oder die Beseitigung der Gefahr. Der Spot unserer Taschenlampe, also unsere gesamte Aufmerksamkeit, wird auf diese Aufgabe gerichtet. Vielleicht erinnern auch Sie sich an Situationen, in denen Sie so konzentriert etwas gelesen haben, dass Sie um sich herum überhaupt nichts mehr wahrgenommen haben. Würde in so einer Situation ein Säbelzahntiger angreifen, hätte er ein leichtes Spiel mit Ihnen. Nicht umsonst führen Ablenkungs- und Täuschungsmanöver oft zum Ziel – nicht nur in Kriegssituationen, sondern auch im Verkauf und Marketing. Sind wir stark auf eine Tätigkeit konzentriert, entgeht uns zwangsläufig vieles andere. Da wir uns das aus Sicherheitsgründen auf Dauer nicht leisten können, verlieren wir nach einer gewissen Zeit sehr leicht wieder unsere Konzentration. Wir spüren, wie wir unruhig und ungeduldig werden. Es kommt zu einem Wettstreit zwischen konzentriertem „Bearbeitungsmodus" und dem unterbewussten Drang, die Umgebung nicht aus den Augen zu verlieren.

Wichtig zu erwähnen ist auch, dass wir in diesem Modus durch die Konzentration auf *eine* Sache das Gegenteil von Multitasking betreiben: *Singletasking*. Wir strengen uns in diesem Zustand scheinbar an, erleben ihn aber häufig als entspannend. Ein Widerspruch? Nein! In Hirnscanner-Studien sieht man den

Effekt ganz deutlich: Je konzentrierter wir mit einer Tätigkeit beschäftigt sind, desto *weniger* Energie benötigen wir dafür! Gerade die vorliegenden Untersuchungen an tibetanischen Mönchen sind dabei beeindruckend. Und die Zeit scheint im *Singletaskingmodus* wie im Flug zu vergehen, was gerade bei Routinetätigkeiten auch kein Nachteil ist. Sie erinnern sich an das Beispiel der Fließbandarbeiterin in Kapitel 1, die ihre Fähigkeit zum *Singletasking* optimierte, indem sie sich ein konkretes Tagesziel steckte. Konzentration, Entspannung und Regeneration hängen also eng zusammen.

Der Erwartungsmodus

Sind wir gerade nicht mit einer *konkreten* Aufgabe beschäftigt, sind wir generell leicht ablenkbar. Wir reagieren schnell auf kleinste Ablenkungen, sind dabei nur oberflächlich aufmerksam, wechseln häufig die Gedanken und scannen gleichzeitig weiterhin unsere Umgebung nach Interessantem oder Gefährlichem.

Kommen Stress und Anspannung dazu, verstärken wir die Überwachung der Umgebung und wechseln in einen defokussierten „Erwartungsmodus". Mithilfe der Logik der archaischen Frosch- und Spitzmausprogramme überwacht unser Gehirn mögliche äußere Gefahren. In unserem Beispiel betraf das die Mutter aus Nordrhein-Westfalen, die sich bei all dem Getümmel im Affengehege um ihr Kind sorgte und deshalb permanent die Umgebung nach Gefahren „scannte". In diesem Modus werden Probleme regelrecht erwartet, um die Trefferquote bei echten Bedrohungen zu erhöhen.

Der Input unserer Sensoren – vor allem Augen, Ohren und Nase – wird von unserem Gehirn umso dramatischer bewertet, je gestresster wir uns fühlen. Die Sensibilität der Sensoren und die Interpretation des Eingangssignals wir dabei verändert. Grundsätzlich überwachen unsere Frosch- und Spitzmausnetzwerke die Umgebung aufgrund erlernter Vorurteile, die zum Teil genetisch verankert sind und nicht erlernt werden müssen: Uns zugewandte schnelle Bewegungen, plötzliche laute Geräusche oder der Geruch von Angstschweiß sind ein paar Beispiele für Reize, die archaische Reaktionsmuster zur Folge haben. Schon unseren Vorfahren war klar, dass ein laut brüllendes, auf andere zustürzendes Männchen ihnen kaum wohlgesonnen sein kann. Wenn es dabei auch noch den Duft von Angstschweiß verbreitete, war zweifellos klar, dass die Situation gefährlich sein konnte. Daher wurden diese Zusammenhänge genetisch verankert, damit reflexartig reagiert werden konnte, ohne dabei lange grübeln zu müssen, ob der aufgeregte Kollege vielleicht doch nur von einer Biene gestochen worden ist.

Es gibt darüber hinaus eine Fülle angstauslösender Reize, die erlernten Erfahrungen entspringen und daher sehr subjektiv sind: Angst vor Prüfungen oder Präsentationen, Angst vor Autoritäten, Angst vor Hunden oder Angst vor den Nachbarn. Haben Sie Angst beim Zahnarzt? In dem Fall wird die individuelle Schwelle, ab der Sie einen Schmerz spüren, gesenkt: Sie sind schmerzempfindlicher, weil Sie den Schmerz regelrecht erwarten. Befinden wir uns in einem solchen „Erwartungsmodus", so wird unsere Wahrnehmungsschwelle für bestimmte Themen gesenkt und die bewusste Wahrnehmung verändert sich. Ein Fehlalarm ist dabei vorprogrammiert und wird biologisch in Kauf genommen.

Die Vorurteile, mit denen wir die Sensibilität unserer Wahrnehmungen im „Erwartungsmodus" erhöhen, betreffen allerdings nicht nur Bedrohliches: Ich bin kürzlich am Ende einer längeren Radtour schon sehr hungrig an einer Tankstelle vorbeigefahren. Im Zustand meines kalorischen Notstands hat mein Gehirn den Gestank des Benzins „anders" interpretiert als sonst: Obwohl ich wusste, dass es hier eigentlich übel riecht, bekam ich richtig

„Appetit" auf Diesel. Völlig verrückt! Zum Glück haben einige meiner Radkollegen auch immer wieder dieselbe Geruchshalluzination, sonst müsste ich mir wirklich Sorgen machen.

Sind die Grundbedürfnisse des Frosches nicht befriedigt (und das betrifft neben der Nahrung auch unsere Sexualität), so steigt die Sensibilität für den erwarteten Reiz stark an. Wir sehen, riechen und hören dann nur mehr Einschlägiges, und das kann für die Betroffenen ziemlich aufdringlich werden. Ähnliches gilt übrigens auch für unsere Motive: Planen wir zum Beispiel, ein bestimmtes Auto zu erwerben, so sehen wir im Straßenverkehr auffällig viele Autos dieser Marke. Und erwarten wir ein unangenehmes Gespräch mit einer Kollegin, interpretieren wir vieles in diesem Gespräch einseitig und haben Probleme, halbwegs neutral zuzuhören.

Der Offlinemodus

Diesen beiden „Onlinemodi" (also Erwartungs- und Bearbeitungsmodus) steht ein „Offlinemodus" gegenüber, der nur dann aktiv wird, wenn wir uns in Sicherheit wiegen und gerade keine konkreten Aufgaben erledigen müssen. Wie wir heute wissen, schließen „Bearbeitungs-" beziehungsweise „Erwartungsmodus" und „Offlinemodus" einander in ihrer Aktivität aus.

Was im Offlinemodus passiert, ist bemerkenswert: Das Gehirn beginnt, sich in diesem Ruhemodus mit sich selbst zu beschäftigen. Es ist nur dann in der Lage, einen mentalen Perspektivenwechsel durchzuführen. So beginnt es, eigene von fremden Gedanken zu trennen, und ist bereit, sich in andere Menschen hineinzuversetzen und sie zu verstehen. Die Vorurteile des „Erwartungsmodus" können dabei als übertrieben oder falsch entlarvt werden. Eine Ausnahme von dieser Möglichkeit zur Relativierung unserer Wahrnehmungen bilden wohl nur die geschilderten Froschbedürfnisse nach Nahrungsaufnahme und Vermehrung.

Dieser Modus entspricht im Grunde dem Zustand einer gekappten Internetverbindung, in dem alle eingegangenen Daten endlich sortiert werden können. Zu diesem Netzwerk gehören Teile des Controllers ebenso wie Teile der Spitzmaus. Daher wird es auch manchmal als „Tagträumnetzwerk" bezeichnet, in dem kreative Ideen entstehen und unsere Zukunft geplant werden kann.

Da wir nur dann in diesen Modus wechseln können, wenn wir nichts Konkretes bearbeiten müssen, keine Gefahr erwarten, keine Motive befriedigen wollen und keine primären Bedürfnisse stillen müssen, ist es selten, dass wir „offline" gehen. Je entspannter und zufriedener wir sind, desto wahrscheinlicher gelingt uns das. Bislang ist noch nichts Genaueres bekannt, weil dieses „Default Mode Network" erst seit 2001 beschrieben ist. Einige Befunde, die es aber bereits gibt, sind für uns interessant: Traumatische Erfahrungen und sehr starker und chronischer Stress reduzieren die Aktivität dieses Netzwerks, was häufig als „innere Leere", als Dissoziation von der Umwelt erlebt wird. Andererseits gibt es auch Untersuchungen, die zeigen konnten, dass Meditation – als Technik zur „Konzentration nach innen" – die Aktivität des Netzwerks steigert und damit die Eigenwahrnehmung erleichtert.

VERKNÜPFTE ERFAHRUNGEN UND INNERE ÜBERZEUGUNG

Ich habe in Kapitel 1 unsere Fähigkeit zur Speicherung von bereits Erlebtem geschildert. Mir waren dabei zwei Dinge wichtig: Erstens legen wir in unserem Spitzmausgehirn keinen Ordner neutral, also emotionslos, an, sondern färben ihn quasi beim Neuanlegen ein. Wir geben damit dem Erlebten eine subjektive Bedeutung, die auch vom Farbspektrum der bereits angelegten Ordner abhängt. Sind bereits viele rote, angstbesetze Ordner abgespeichert, wird das gerade Wahrgenommene tendenziell bedrohlicher als sonst erlebt.

Zweitens werden die emotionalen Bewertungen eines Erlebnisses bei jedem Wiedererinnern *verändert.* Die Ordnerfarbe wird, abhängig vom Kontext und von der momentanen Gefühlslage während des Erinnerns, beim Wiederabspeichern entsprechend angepasst. Unser Gehirn überprüft dabei, ob sich die aktuelle Wahrnehmung von der ursprünglich abgespeicherten unterscheidet und passt die subjektive Bewertung an.

Wovon diese subjektive „Einfärbung" von Erlebnissen abhängt, möchte ich nun beleuchten. Den Gedächtnisteil unserer Spitzmaus nennen wir „Verhaltensgedächtnis" (implizites oder prozedurales Gedächtnis). In diesem Gedächtnisteil sind alle unsere Erfahrungen als allgemeine Regeln unterbewusst abgespeichert. Wir haben in Kapitel 1 gesehen, dass wir durch unsere Lebenserfahrungen in der Lage sind, die für uns komplex und chaotisch erscheinende Welt durch die Identifikation von allgemeinen Regeln vorhersehbarer und damit kontrollierbarer zu machen. Aus dem Glauben an bestimmte Zusammenhänge entstehen Erwartungshaltungen, die uns die Welt mehr oder weniger bedrohlich erscheinen lassen.

Unabhängig davon sind in unserem Controller Millionen Jahre später Strukturen entstanden, die sich auf die Speicherung von Faktenwissen spezialisiert haben – also Wissen, das explizit benennbar und bewusst erworben ist. „Wissensgedächtnis" (explizites oder deklaratives Gedächtnis) nennen wir diese Ordner unseres Dateiexplorers, die per se nicht emotional besetzt sind. Ein Beispiel für Inhalte dieses Ordnersystems wäre eine bloße Information wie „Wien hat 1,8 Millionen Einwohner". Verhaltensgedächtnis und Wissensgedächtnis funktionieren grundsätzlich auch unabhängig voneinander, können aber miteinander kommunizieren.

Spannend wird es in diesem Zusammenhang immer dann, wenn etwas passiert, das Sie vielleicht schon in ähnlicher Art und Weise erlebt haben:

Sie werden von Ihrem Chef gebeten, als Projektmitarbeiterin bei einem anspruchs-vollen Projekt mitzuarbeiten. Projektleiter ist in diesem Fall Harald, der zu einem sehr direktiven Führungsstil neigt, meist gestresst und hektisch ist. Mit im Projekt-team ist auch Beate, eine lang bekannte und lieb gewonnene Kollegin, auf die Sie sich speziell freuen, da Sie länger nicht mehr mit ihr zusammengearbeitet haben. Beate zeichnet sich durch hohe soziale Kompetenz aus, vermeidet Konflikte und zeigt immer einen hohen Arbeitseinsatz. Sie gilt als echte Leistungsträgerin und ist eine von allen geschätzte Mitarbeiterin und Kollegin. Wie es nicht selten der Fall ist, gibt es im Projektverlauf Probleme mit den vereinbarten Zielen und das Projekt eskaliert nach zweijähriger Arbeitszeit. Ressourcenprobleme und Konflikte zwischen Linien- und Projektverantwortlichen einerseits und zwischen Projektauf-traggeber und Harald andererseits machen einen zeitgerechten Projektabschluss unmöglich. Harald lässt einen wertschätzenden Umgangston nun völlig vermissen und wird – aus der Froschperspektive betrachtet – noch aggressiver. Beate ihrer-seits verzweifelt an den offenen Konflikten und den unerreichbaren Vorgaben. Sie fühlt sich als Opfer und Passagier und spricht mit Kollegen häufig über diese ihre Sichtweise. Da sich Frust bei fast allen Kollegen breitmacht, einigt man sich beim täglichen Kaffee schnell auf die Schuldigen. Die Stimmung ist entsprechend schlecht und der Umgangston ungewöhnlich rau. Nach zwei weiteren Monaten wird bei Beate eine Überlastungsdepression diagnostiziert, die ein Weiterarbeiten unmöglich macht. Weil man die Schuldigen zu kennen glaubt, macht sich im Kolle-genkreis Wut und Resignation breit. Am Ende wird das Projekt von oberster Stelle gestoppt. Harald wird Projektleiter eines anderen Projekts. Sie selbst werden ge-fragt, ob Sie ein anderes, kleineres Projekt als Leiterin übernehmen möchten.

Es ist eine neue Lernerfahrung, eine neue Regel, die Ihr Spitz-mausgehirn während dieses Erlebnisses abgeleitet hat. Der

Ordner mit den Inhalten Ihres Wissensgedächtnisses synchronisierte sich mit den Inhalten des unterbewusst und emotional bewertenden Verhaltensgedächtnisses. Den Wissensinhalten wurde nun also eine Bedeutung, eine Emotion, zugewiesen. Ihre bewusste Überzeugung und Einstellung zu Arbeit generell und Ihre Einstellung zu einer Projektarbeit mit Harald als Projektleiter wurden dadurch verändert. Abhängig von Ihren bereits abgespeicherten persönlichen Lebenserfahrungen und dem Empfinden in Ihrer momentanen Situation könnte Ihre innere Haltung gegenüber einer weiteren Projektmitarbeit oder gar einer Projektleitung von starker Identifikation mit Beates Hilflosigkeit bis hin zu einer aggressiven Ablehnung von Haralds Rolle geprägt sein.

In diesem Beispiel wurden zwei unterschiedliche Wahrnehmungen, jene der Spitzmaus und jene des Controllers, zu *einer* emotionalen Erfahrung und damit zu einer *inneren Überzeugung* verknüpft, die zukünftig und maßgeblich für Ihre Entscheidungen und Ihren Umgang mit auftretenden Problemen verantwortlich sein wird. Je aufgeregter und häufiger Sie über das Erlebte nun sprechen, desto stärker werden Ihre jeweiligen Vorurteile sein. Zynismus und Jammerreflex sind häufig zu beobachtende Konsequenzen dieser oder ähnlicher Situationen. Das bedeutet natürlich nicht, dass man grundsätzlich zu allen belastenden Dingen des Lebens schweigen sollte, um bestimmte Erlebnisse nicht zusätzlich zu dramatisieren, zeigt aber, dass es einen Verstärkungsmechanismus gibt, der zusätzliche Belastung liefern kann. Differenziert und reflektierend über solche Erlebnisse mit jemandem zu sprechen, der neue Sichtweisen und Denkanstöße liefern kann, ist selbstverständlich eine Empfehlung.

KONTROLLIERBARER UND UNKONTROLLIERBARER STRESS

Aus Sicht von Beates Erfahrungen in diesem Projekt können wir uns das zu Beginn des Kapitels geschilderte Beispiel der beiden Ratten noch einmal ins Gedächtnis rufen: Alle Bewältigungsstrategien von Beate, ihre gesamten Verhaltensoptionen (die Hebel im Käfig ihres Alltags), ermöglichten es ihr nicht, die unangenehme Arbeitssituation so zu kontrollieren, dass es ihr selbst dabei spürbar besser ging. Im Gegenteil: Je länger das Projekt dauerte, desto schlechter fühlte sie sich.

In diesem Fall wurde aus einer anfänglich kontrollierbaren eine chronisch unkontrollierbare Stresssituation, mit dramatischen Folgen: Gelernte Hilflosigkeit mit anfänglichen Gedächtnis- und Konzentrationsproblemen und Einschränkung der kognitiven Fähigkeiten, gefolgt von Schlafstörungen, Humor- und Libidoverlust, klaren Opfergefühlen und Selbstmitleid bis hin zu deutlichen Aversionen der Arbeit gegenüber.

Beate hatte von Kind auf gelernt, durchzuhalten, es allen recht zu machen, immer möglichst perfekt zu sein, und ist in diesem Fall mit ihren erlernten Verhaltensmöglichkeiten nicht ans Ziel gekommen: durch Verhaltensanpassung ihre (körperlichen und mentalen) Stressreaktionen selbst zu reduzieren (*Selbstwirksamkeit*).

Sie hatte sich für ihren Leistungsverlust geschämt. Sie hat sogar versucht, ihn zu verstecken und durch Überstunden und Schauspielerei zu überspielen. Ihr Verhalten hat sich in dieser Zeit verändert und niemand hat es bemerkt: Alle waren gestresst und mit „Scheuklappen" im „To-Do-Listen-Abarbeitungsmodus" unterwegs. Allen voran Harald, der scheinbar ohne Einfühlungsvermögen zur Welt gekommen ist und generell wenig soziale und emotionale Signale bemerkt. Wenn man achtsam gewesen wäre, hätte man an Beates Verhalten in jedem Fall eine anfängliche Aggression, späteren sozialen Rückzug, plötzlichen Zynismus und auffällige Lust- und Freudlosigkeit bemerken müssen. Haralds Sorgfaltspflicht als Chef wäre es darüber hinaus gewesen, die Schere zwischen Output und Zeitaufwand zu bewerten und sofort zu reagieren, wenn bei steigendem Zeitaufwand der Output von Beate zu sinken beginnt. Beates Zusammenbruch scheint vom Gefühl, die Situation über einen langen Zeitraum selbst emotional nicht mehr kontrollieren zu können, ausgelöst worden zu sein; gefolgt von dem gefühlten Verlust der eigenen Wirksamkeit.

Ich möchte Ihnen nun vor Augen führen, wie die Reaktionen Ihres Gehirns und Ihres Körpers in zwei unterschiedlichen Stresssituationen ablaufen, die einmal als kontrollierbar und einmal als unkontrollierbar empfunden werden. Dabei werde ich Ihnen anhand zweier einfacher Beispiele schildern, warum wir zwischen akutem und chronischem Arbeitsstress und deren (gefühlter) Kontrollierbarkeit unterscheiden sollten.

Akut kontrollierbarer Stress

Eine kurze und recht einfach zu kontrollierende Stresssituation, die die meisten Arbeitnehmer aus ihrer täglichen Berufspraxis kennen werden, könnte wie folgt aussehen:

Ich sitze am Schreibtisch und telefoniere mit Herrn Dr. Müller – es ist ein wichtiges Gespräch und ich bin zu Beginn hoch konzentriert: 40 Bit, also meine gesamte Aufmerksamkeit, den Spot meiner Taschenlampe, richte ich auf Herrn Dr. Müller. Während des längeren Telefonats beginne ich durch die Dauer und den entspannten Verlauf des Gesprächs, unkonzentriert zu werden. Ich bemerke es daran, dass ich plötzlich Gespräche aus dem Nachbarbüro höre, und fühle mich dadurch etwas gestresst und abgelenkt. Aus dem Augenwinkel sehe ich den Bildschirm meines Computers. Dort ist das E-Mail-Programm immer geöffnet und empfängt permanent Mails. Während ich nun weiter konzentriert zu telefonieren versuche, zeigt das Programm über ein Pop-up am rechten unteren Bildschirmrand an, dass gerade wieder ein E-Mail kommt.

Mein Radarschirm (im Frosch- und Spitzmausgehirn), der ununterbrochen mit 11 Millionen Bit pro Sekunde die Umgebung nach Auffälligkeiten und Zusammenhängen absucht, meldet sich. Das Unterbewusstsein hat für eintreffende E-Mails natürlich längst eine Erwartungshaltung erzeugt und hat verstanden, dass mit sehr hoher Wahrscheinlichkeit schon wieder jemand etwas von mir will. Großalarm und sofortige Kampfbereitschaft sind die Folge. Ich bekomme einen kurzen Adrenalinstoß (Adrenalin ist eines unserer Stresshormone), gefolgt von den typischen körperlichen Anpassungsreaktionen: Die Herzfrequenz steigt, die Schweißdrüsen öffnen sich, die Muskelanspannung und der Blutdruck werden erhöht. Gleichzeitig wird der Fokus der Taschenlampe auf das E-Mail-Pop-up gerichtet. (Adrenalin wirkt in diesem Zusammenhang wie ein Verkehrsleitsystem, das entscheidet, worauf wir unsere Aufmerksamkeit zu richten haben.) Diese kurze Stressreaktion erlebe ich aber täglich und habe daher das Gefühl, diese Situation kontrollieren zu können. Der Inhalt des E-Mails ist schnell überflogen (eine Kollegin wollte gemeinsam mittagessen gehen) und ich beruhige mich und kehre geistig zum Telefonat zurück. Das ausgeschüttete Adrenalin wird schnell abgebaut und meine Kampfbereitschaft sinkt wieder.

Das ganze Szenario hat nicht einmal fünf Sekunden gedauert und doch hat es eine komplexe körperliche Reaktion ausgelöst. Herr Dr. Müller hat es nicht bemerkt, weil meine Spitzmaus während der kurzen geistigen Abwesenheit das Gespräch im „Automatikmodus" übernommen hat. (Es ist Ihnen sicher auch schon aufgefallen, wie Menschen sprechen, wenn sie sich auf etwas ganz anderes konzentrieren: „Ähm, ja, ja, natürlich, ja, ähm, verstehe ...") In Wirklichkeit habe ich aber während meiner „Abwesenheit" nichts mitbekommen, und durch den entstandenen „Filmriss" bemerke ich die Lücke in meinen Erinnerungen an das Telefonat nicht einmal. Trotzdem ist es zu einem guten Ende gekommen. Die Situation war durch diese Ablenkung nur geringfügig anstrengender, als sie es ohne das Intermezzo mit dem E-Mail gewesen wäre.

Ich habe Ihnen im ersten Kapitel geschildert, wie unser Belohnungszentrum auf einen sofort spürbaren Erfolg nach Anstrengung reagiert – mit Dopaminproduktion. Die Anstrengung hat sich in diesem Fall in Grenzen gehalten, daher ist die Menge an Dopamin, die wir dafür ernten, auch gering, wirkt aber trotzdem: Dopamin gibt uns nicht nur das kurz anhaltende Gefühl der Erleichterung, sondern startet einen neurobiologischen Prozess, den wir „Bahnung" nennen. Bei diesem Prozess wirkt Dopamin wie ein Bautrupp, der nun genau jenes neuronale Netzwerk oder – bildlich gesprochen – jene „Verhaltensautobahn" verbreitert, die gerade befahren wurde und ans Ziel geführt hat. Dadurch werden wir uns in der nächsten ähnlichen Situation sehr wahrscheinlich wieder gleich verhalten. Jedes Verhalten, sei es auch noch so komplex, ist in unserem Gehirn durch ein bestimmtes Erregungsmuster aus Frosch-, Spitzmaus- und Controlleranteilen gekennzeichnet. Das Erregungsmuster ist wie eine kurvenreiche Straße, die genau dieses Verhalten repräsentiert. Da wir bestimmte Verhaltensweisen häufiger zeigen als andere, finden wir in unserem Gehirn „Straßen" unterschiedlicher Breite: Auf der einen Seite mehrspurige Autobahnen, die bildlich häufig gezeigtes Verhalten repräsentieren, und auf der anderen Seite nicht asphaltierte Nebenstraßen, die für ganz selten angewendete Verhaltensweisen stehen.

Ein kurzer, kontrollierbarer Stress, also eine kurze Unsicherheit, führt – genauso wie nach jeder Dopaminausschüttung – im Belohnungszentrum der Spitzmaus zur Verstärkung eines ganz bestimmten Verhaltens. Bei zukünftigen Unterbrechungen durch E-Mail-Pop-ups während des Telefonierens wird unsere körperliche Stressreaktion geringer ausfallen: Wir haben uns angepasst an die Komplexität der Herausforderung, mehrere Dinge gleichzeitig zu tun. Das passiert mit allen Verhaltensweisen in unserem Leben und bedeutet, wie im geschilderten Beispiel nachvollziehbar, nicht, dass diese Verstärkung langfristig immer positive Folgen haben muss. Jeder Verstärkungsprozess ist kurzsichtig, aber biologisch sinnvoll, da er zur Wiederholung bereits einmal erfolgreicher Verhaltensweisen anregt.

Ich werde Ihnen aber in Kapitel 4 („Arbeiten im Multitaskingmodus") auch die nachhaltig negativen Folgen bestimmter antrainierter Verhaltensmuster schildern. Zum gegensteuernden neurobiologischen Prozess, der Abschwächung (also dem Rückbau von „Autobahnen"), kommt es durch langfristiges „Nicht-mehr-Befahren" oder durch einen Prozess, der durch lange anhaltenden, unkontrollierbaren Stress ausgelöst wird.

Chronisch unkontrollierbarer Stress

Lang anhaltende soziale Konflikte am Arbeitsplatz gehören zu den größten Belastungsfaktoren, da sie nur mit viel Kommunikationsgeschick – und manchmal auch gar nicht – zu kontrollieren sind. Erlebnisse dieser Art werden als chronisch unkontrollierbarer Stress wahrgenommen und verändern unser Gehirn und damit unsere Wahrnehmungen.

Um Ihnen die Dramatik der Auswirkungen vor Augen zu führen, möchte ich wieder ein fiktives Beispiel schildern, das sich so ereignet haben könnte:

Ich bin der (disziplinarische und fachliche) Chef von sieben Mitarbeitern. Eines meiner „Schäfchen" ist Harald, der für mich sehr schwer zu führen ist und sich auffällig häufig offensiv abwehrend verhält. Er macht nie ohne vorhergegangene Diskussionen das, was ich gerne von ihm hätte. Mehrfaches Delegieren einer Arbeit bedeutet in der Regel, dass genauso oft etwas zurückkommt, das nicht dem entspricht, was ich kommuniziert zu haben glaube. Vereinfacht gesagt (und vielleicht kennen Sie so ein Verhältnis): Wir mögen und verstehen einander einfach nicht. Auch wenn ich mir Harald als Mitarbeiter nicht selbst ausgesucht habe; führen muss ich ihn trotzdem, da er Teil meiner Abteilung und mir unterstellt ist. In meinen ersten Berufsjahren habe ich von meinem damaligen Chef ein Verhalten vorgezeigt bekommen, das ich bereits von meinem Vater kannte und das ich unbewusst seither immer dann anwende, wenn ich mich stark unter Druck fühle: Ich werde in meiner Wortwahl offensiver und schildere sofort klare Konsequenzen für den Fall der Nichtbefolgung meiner Anweisungen. Das hat bis jetzt fast immer funktioniert. Nicht aber bei Harald, der davon völlig unbeeindruckt zu sein scheint und sein Verhalten in keiner Weise anpasst.

Diese Situation entspricht dem Befahren jener Autobahn, die bei direktiver und aggressiver Gesprächsführung genommen wird, aber in diesem Fall nicht ans Ziel führt und auch keine Dopaminproduktion am Ende der Autobahn auslöst. Schließlich versuche ich es mit allen anderen, kleineren Straßen beziehungsweise Verhaltensweisen, die ich weniger gewohnt bin: ein entspanntes, wertschätzendes Gespräch unter vier Augen, ein Gespräch mit dem Betriebsrat und dem Personalchef, ein Coaching und eine Supervision – einfach alles, was mir einfällt und mir an Verhaltensweisen zur Verfügung steht. Nichts hilft. Nach ein paar Monaten ist es so weit, dass ich nicht mehr aufhören kann, darüber nachzudenken. Da kann es durchaus passieren, dass Harald am Abend virtuell mein Schlafzimmer betritt und ich beginne, in meinem Bett liegend, mit ihm Gespräche zu simulieren. Einschlaf- und Durchschlafstörungen sind eine häufig zu beobachtende Folge eines nicht aufgelösten Konflikts.

Ziemlich genau zu dieser Zeit, wenn das deutliche Gefühl des Kontrollverlusts spürbar wird, wird über unser Gehirn „unkontrollierbarer Dauerstress!" an unsere Nebennierenrinde (ein kleines Organ an der Oberseite der Nieren) gemeldet. Ein Prozess beginnt nun, dieses Organ zur vermehrten und dauerhaft erhöhten Cortisolproduktion anzuregen.

Sie kennen wahrscheinlich Cortison, das Ärzte zur Hemmung von Entzündungsprozessen verschreiben. Genau dieselbe Wirkung zeigt auch das selbst produzierte Hormon Cortisol, es hemmt zu starke Immunreaktionen und reduziert Entzündungen. Eine seiner wichtigsten Funktionen ist darüber hinaus die Regulierung des Salz- und Wasserhaushalts in den Nieren. Ein hoher Cortisolspiegel zeigt noch weitere Wirkungen: Er erhöht den Blutzuckerspiegel, verstärkt die Bauchfettbildung, erhöht die Blutfette (Triglyzeride und Cholesterin) und steigert den Eiweißabbau – „verdaut" also gewissermaßen die eigenen Muskeln. Darüber hinaus werden Körpertemperatur und Aufmerksamkeit gesteigert und Appetit, sexuelle Lust und Schmerzwahrnehmung verringert. Bei geringfügig erhöhten Cortisolwerten steigen sogar unsere geistigen Fähigkeiten kurzfristig, aber deutlich an. Cortisol ist für den Menschen und alle anderen Säugetiere lebensnotwendig, es lässt uns im Ernstfall durchhalten.

Normalerweise dringt es durch die Blut-Hirn-Schranke ins Gehirn ein und hemmt ab einer gewissen Konzentration seine eigene Produktion. Über diesen eleganten Rückkoppelungsprozess wird eine übermäßige Ausschüttung verhindert.

Unter solchen Stressbedingungen, wie ich sie im Beispiel mit Harald, meinem Mitarbeiter, geschildert habe, ist die normale „Bremswirkung" im Gehirn zur Regulation eines normalen Cortisolspiegels vermindert: Die Nebennierenrinden schütten deshalb immer mehr Cortisol aus. Und das hat dramatische Folgen für unser Gedächtnis und unser Verhalten: Eine kleine Region unseres Spitzmausgehirns, der Hippocampus, kann Cortisol sehr gut binden und ist daher von hohen Cortisolkonzentrationen besonders betroffen: Die hormonelle „Überlastung" führt nach einiger Zeit zum Absterben von Zellen, der Hippocampus schrumpft.

Unangenehmerweise ist der Hippocampus die Eintrittspforte ins Langzeitgedächtnis und die Schlüsselstelle für das Lernen. Hier werden alle neu einlaufenden Informationen in Ordner verpackt, wichtige Dinge zur Weiterverarbeitung weitergeleitet und Unwichtiges unterdrückt. Kommt es in dieser Region zu Fehlern, wird Wichtiges nicht verlässlich zur Großhirnrinde und damit ins Bewusstsein durchgelassen, während gleichzeitig Unwichtiges nicht mehr ausgeblendet wird. Es kommt zu einer Vermischung von Wichtigem und Unwichtigem, die nicht mehr voneinander unterschieden werden können.

Ist diese Region durch chronischen Stress betroffen, werden das Gedächtnis und wichtige Lernprozesse beeinträchtigt. Wir merken uns auffällig wenig, sind zerstreut und unkonzentriert. Cortisol wirkt aber auch aktivierend auf unser Angstzentrum – die Amygdala (der Mandelkern) –, ein kleines Areal unseres Froschgehirns, das alle Reize auf ihre Bedrohlichkeit hin überprüft und dadurch unsere subjektiven Ängste erzeugt. Eine Folge der übermäßigen Cortisolproduktion ist also, dass unter chronischem Stress das Angstzentrum viel leichter aktivierbar ist und wir dadurch vieles angstbesetzt erleben. Uns scheint alles dramatischer und wir sind in ständiger Alarmbereitschaft, weil wir den „Gefahrensuchmodus" nicht mehr verlassen und in den „Offlinemodus" wechseln können. Zusätzlich problematisch ist, dass unser Angstzentrum den Controller (speziell den Frontallappen) hemmt. Wesentliche Funktionen wie rationales Planen und Denken (vernünftiges Handeln durch Zurückgreifen auf bewusste Erfahrungen), Aufmerksamkeit, Entscheidungsfindung und die Impuls- und Konfliktkontrolle werden so außer Gefecht gesetzt. Die automatisierten Alarmreaktionen des Frosches setzen sich durch: „Hau zu, hau ab oder stell dich tot!" Zu viel nachzudenken war bei gefühlter Bedrohung kein Erfolgsprogramm der Evolution. Wer unter Stress zu viel nachdachte, wurde früh gefressen und konnte sich nicht fortpflanzen. Wir stammen also von den anderen ab, von jenen, die unter Stress einfach nicht mehr nachgedacht, sondern nur mehr Froschentscheidungen getroffen haben. Dadurch wird wohl so manche Bürosituation erklärbar.

Cortisol scheint übrigens besonders dann überschießend produziert zu werden, wenn es zu sozialer Bedrohung kommt. Dabei gibt es noch einen wichtigen Angstverstärker, wenn man sich aus der eigenen Gruppe ausgeschlossen oder nicht unterstützt fühlt oder wenn man den eigenen Status in der Gruppe gegenüber anderen bedroht sieht: Dieser verstärkende Effekt wird über das Spitzmaus-Bindungshormon Oxytocin vermittelt, das bei fehlendem Bindungsempfinden nicht ausgeschüttet wird. Oxytocin dämpft effektiv unsere Ängste und funktioniert wie ein Gegenspieler des Cortisols. Je niedriger der Oxytocinspiegel, desto höher der Cortisolspiegel. Wir sind eben soziale Tiere und Gruppenzwang ist ein wichtiges Mittel zur sozialen Integration.

Cortisol scheint dabei auch das Gegenteil von der verhaltensverstärkenden Wirkung des Dopamins auszulösen und damit nicht nur auf den Hippocampus, sondern auch auf andere Hirnareale einzuwirken. Was bedeutet das?

Es konnte gezeigt werden, dass unter lange anhaltendem, chronischem, unkontrollierbarem Stress etwas Absurdes passiert: Durch die Unfähigkeit, Neues zu lernen und die eigenen Erfahrungen aktiv nutzen zu können, neigen wir in einer solchen Situation zum sturen Wiederholen jener Verhaltensweisen und Bewältigungsstrategien, die wir bereits immer und immer wieder erfolglos angewendet haben, *obwohl* sie nicht zur Lösung des Problems beigetragen haben. Je größer unsere Unsicherheit, desto ausgeprägter wird der Zwang, sich vermehrt auf biologisch alte Verhaltensprogramme zu verlassen – in der naiven und unreflektierten Hoffnung, dass diese Verhaltensstrategie irgendwann doch noch funktioniert.

Eine solche Situation ist vergleichbar mit einer sechsspurigen Einbahnstraße, die immer breiter wird und von der man ohne fremde Hilfe nicht mehr herunterkommt. Die stressbedingte „Neuverdrahtung" und die deutlich reduzierte Gedächtnisleistung verhindern also auch die Bereitschaft umzulernen und neue Bewältigungsstrategien auszuprobieren.

Um auf unser Beispiel zurückzukommen: Die vielen erfolglos geführten Gespräche mit Harald werden durch die Wirkung von Cortisol quasi auf den „Verhaltensautobahnen" im Hirn des Gesprächspartners „festgefahren". So werden unsere Verhaltensoptionen immer mehr eingeschränkt, weil dadurch andere Bewältigungsstrategien ins Hintertreffen geraten.

Nicht selten können wir dieses sture Festhalten an bestimmten Verhaltensweisen an anderen gut beobachten. Da wir uns in einer Welt bewegen, in der ein möglichst breites Spektrum an Verhaltensoptionen notwendig ist, um sich an die ständig wechselnden Anforderungen anpassen zu können, entsteht Unsicherheit und letztlich grundsätzliche Ablehnung von Neuem. Verstärkend wirkt, dass dadurch viele andere Bewältigungsstrategien, die in anderen Situationen und bei anderen Menschen sehr wohl erfolgreich wären, nicht mehr angewendet werden, weil wir dieses (durch zu seltenen Gebrauch abgeschwächte) Netzwerk im eigenen Gehirn nicht mehr aktivieren können.

Zu Beginn einer Stressbelastung werden wir durch die erhöhten Cortisolwerte seltener krank. Wie ich geschildert habe, ist Cortisol ein Durchhaltehormon, das Energiereserven mobilisiert und uns vorerst zuverlässig schützt. Geht die Stressbelastung allerdings über mehrere Monate, wird sie also chronisch, kann man nach einiger Zeit, meist am Wochenende oder am zweiten oder dritten Urlaubstag, etwas beobachten: Man wird in der „Entlastungsphase" krank. Wenn Sie das regelmäßig bei sich feststellen, so liegt es eventuell daran, dass Sie in letzter Zeit unter einem zu hohem Cortisolspiegel gearbeitet haben. Sie haben versucht, lange durchzuhalten, und gleichzeitig unkontrollierbaren Stress empfunden, was sich auf die Leistung Ihres Immunsystems ausgewirkt hat.

Ist der Cortisolspiegel schließlich sehr lange zu hoch, so schafft es unsere Nebennierenrinde plötzlich nicht mehr, ausreichend Cortisol zu produzieren. Leider ist dadurch das Problem mitnichten gelöst: Der sogenannte Hypocortisolismus (ein plötzliches Zuwenig an Cortisol) ist Anzeichen für chronische Erschöpfung und mahnt vor einem nahenden Zusammenbruch.

STRESS UND VEGETATIVE KONTROLLE

Angesichts dieser Zusammenhänge wäre es naheliegend, zu sagen: Wir könnten doch einfach unseren Cortisolspiegel überwachen, um rechtzeitig zu bemerken, ob es an der Zeit ist, auf die Bremse zu treten. So einfach ist das aber leider nicht: Cortisol unterliegt ausgeprägten Tagesschwankungen. So gibt es die höchste Cortisolausschüttung direkt nach dem Aufstehen und die geringste um Mitternacht. Einzelmessungen (im Speichel oder im Blut) sind daher nicht aussagekräftig. Idealerweise müsste man ein Cortisol-Tagesprofil im Blut erstellen lassen, was in manchen Kliniken auch durchgeführt wird: ein leider sehr aufwendiger und teurer Vorgang, der in der Vorsorgemedizin daher (noch) nicht praktikabel ist.

Eine andere zuverlässige und praktikable Möglichkeit zur Stressbeurteilung liefert die Messung und Bewertung der Aktivität des sogenannten autonomen oder vegetativen Nervensystems. Dieser Teil unseres Nervensystems reguliert, wie der Name andeutet, selbstständig alle körperlichen Funktionen (Vitalfunktionen) in unserem Organismus wie Herzschlag, Atmung, Blutdruck, Schweißsekretion und Verdauung. Seine Nervenstränge ziehen vom Gehirn über das Rückenmark durch den ganzen Körper und stellen eine zentrale Schnittstelle zwischen psychischen und körperlichen Funktionen dar. Sie sind quasi das Bindeglied zwischen Geist und Körper. Zusätzlich zur Regulation der Vitalfunktionen werden wesentliche Teile der Stressreaktion über diese Schnittstelle gesteuert. Am Funktionszustand des vegetativen Nervensystems lässt sich daher direkt die Stressbelastung des Organismus ablesen.

Das vegetative Nervensystem hat zwei Anteile, die wie Gaspedal und Bremse in einem Auto wirken und in permanenter Wechselwirkung zueinander stehen. Der Sympathikus, unser „Gaspedal", aktiviert und beschleunigt uns bei Stressreizen wie Angst, Ärger, Wut und Schmerz, aber auch bei sozialer Ausgrenzung, permanenter Konkurrenz und Mobbing. Biologisch sinnvoll hemmt der Sympathikus bei Stress unsere Verdauung. Die gesamte Energie soll schließlich bei Gefahr im Gehirn und in der Muskulatur zur Verfügung stehen können. Der Parasympathikus oder Vagusnerv ist als „Bremspedal" der Gegenspieler des Sympathikus und zuständig für Erholung und Verdauung. Er reduziert unter anderem die Herzfrequenz und beschleunigt die Verdauung.

Die Dynamik zwischen Beschleunigen und Bremsen löst ein Phänomen aus, dass man im Elektrokardiogramm (EKG) sehr schön beobachten kann: Abhängig von verschiedenen Faktoren variiert die Regelmäßigkeit des Herzschlags, die sogenannte Herzratenvariabilität (HRV). Unter Stress, also hoher Aktivierung durch das sympathische Nervensystem, schlägt das Herz wesentlich regelmäßiger. Je entspannter wir sind, desto unregelmäßiger wird der Herzschlag, wobei diese Variationen im Millisekunden-Bereich auftreten und nicht spürbar sind. Sie stellen auch keine Herzrhythmusstörungen dar. Äußere Einflüsse (Temperatur, Lärm), psychische Vorgänge (Gedanken) und mechanische Abläufe (Körperposition, Atmung) greifen dabei in der Regulation des Herzschlags komplex ineinander und müssen bei der Interpretation möglicher Stressbelastungen vom Fachmann unbedingt bedacht werden.

Bei Entspannung und guter körperlicher und geistiger Erholung kommt es zu einem weiteren auffälligen Phänomen: Der Regulationskreis für die Herzfrequenz beginnt sich mit der Atemregulation zu synchronisieren und zeigt im EKG ein auffälliges Muster, das in Form einer sinusförmigen Schwingung in der Herzfrequenzkurve sichtbar wird. Es ist so auffällig, dass es auch der Laie erkennen kann und wird *Herzkohärenz* oder respiratorische Sinusarhythmie (RSA) genannt.

Ich mute Ihnen hier bewusst ein paar medizinische Details zu, da uns der Begriff der *Kohärenz* im dritten Kapitel („Arbeit und Belastung") als *Gefühl* wieder begegnen wird. Mir ist dabei die analoge Verwendung des Begriffs in (vermeintlich) unterschiedlichen Zusammenhängen wichtig, weil wir heute wissen, dass man das *Gefühl* der Kohärenz tatsächlich über Atem- und Entspannungsübungen, also indirekt über die Kontrolle der eigenen Herzfrequenz, trainieren kann. Das ist wunderbar, weil es uns die Möglichkeit gibt, indirekt in unsere unterbewusste Steuerungszentrale eingreifen zu können. Eine nachhaltige Einschränkung in der HRV – das gilt heute als gesichert –, geht mit einem deutlich erhöhten Krankheitsrisiko einher. Eine Schwankungsbreite des Ruhepulses im Liegen von mehr als 14 Schlägen pro Minute gilt dabei als Richtlinie für eine gesunde vegetative Balance.

Wie zeigen sich diese Belastungen konkret?

Mit meinen Mitarbeitern habe ich im Zuge unserer (meist firmeninternen) Gesundheitsprogramme in den letzten 12 Jahren mehr als 30.000 HRV-Stressanalysen durchgeführt. Wir konnten einige spannende Erkenntnisse gewinnen. Hier sind ein paar Highlights aufgelistet:

1. Seit Beginn der Wirtschaftskrise 2008/2009 verschlechtern sich die Durchschnittwerte.
2. Frauen zeigen schlechtere Werte als Männer
3. Hohe Belastungswerte finden sich sowohl bei jüngeren (18–40) als auch älteren Mitarbeitern (55–65). Zwischen dem 41. und 54. Lebensjahr sind die Belastungswerte im Vergleich geringer.
4. In bestimmten Berufsgruppen finden wir deutlich erhöhte Belastungswerte: Sekretariat, Callcenter, Pflegeberufe und Ärzte. Eine weitere Gruppe, die regelmäßig auffällt, sind Mitarbeiter im Projektmanagement, deren Werte im Mittel schlechter sind als die ihrer Kollegen in der Linienfunktion eines Unternehmens.
5. Die Hierarchie in einem Unternehmen scheint an den Stresswerten ablesbar: Je höher die Position eines Mitarbeiters, desto besser die Werte.
6. Im Branchenvergleich zeigen vor allem staatsnahe Bereiche auffällig schlechte Werte, gefolgt von der Baubranche und der Informationstechnologie-Branche (IT).
7. Besonders hohe Stressbelastungen konnten wir auch bei häufigem Führungswechsel oder nach häufigen und lange andauernden Veränderungsprozessen feststellen.
8. Wir haben bei vielen Erstanalysen nach 6 bis 12 Wochen eine Wiederholungsmessung durchgeführt: Die Auswertung von rund 12.000 Vergleichsdaten zeigte, dass es nur eine geringfügige Verhaltensumstellung benötigt, um in 8 Wochen

eine signifikante Verbesserung der Messwerte (und meist auch der subjektiven Empfindung) herbeiführen zu können. Sie wollen es wahrscheinlich nicht schon wieder lesen, aber auch wir konnten zeigen, dass Bewegung und Ernährung den größten Einfluss auf unsere Gesundheit haben. Ausnahmen sind akute psychische oder physische Belastungen (Tod eines Angehörigen, Scheidung, existenzielle finanzielle Probleme, Mobbing oder schwere Erkrankungen).

Bei den geschilderten Erkenntnissen handelt es sich um einen Vergleich von Mittelwerten aus Untersuchungsreihen, die erst ab einer Gruppengröße von 30 Teilnehmern ausgewertet wurden. Da es sich um Ergebnisse handelt, die aus firmeninternen Präventionsprogrammen stammen, sind die gesammelten Daten inhomogen. Das heißt, die Teilnehmer lassen sich nicht gleichmäßig auf unterschiedliche Altersgruppen, beide Geschlechter, genaue Rollen im Unternehmen ... verteilen. Die Ergebnisse müssen daher mit Vorsicht interpretiert werden. Da wir aber eine sehr große Fallzahl haben, wollte ich Ihnen die Ergebnisse der beschreibenden Statistik trotzdem nicht vorenthalten. Die Teilnahme an den Untersuchungen war natürlich immer freiwillig und der Datenschutz und die Anonymität wurden streng gewahrt. In keinem Fall wurden personenbezogene Daten an Auftraggeber übermittelt.

INNERE WIDERSTANDSKRAFT: RESILIENZ ODER VULNERABILITÄT?

Es gibt Menschen, an denen Stress einfach abzuprallen scheint. Vielleicht kennen Sie auch jemanden, auf den das zutrifft. Diese bewundernswerten Menschen sind trotz hoher psychischer oder physischer Belastung nicht zynisch, pessimistisch und resigniert, sondern zeigen auch nach Schicksalsschlägen oder in schwierigen Lebensphasen eine auffällig positive Lebenseinstellung. Sie werden häufig als anpassungsfähig, belastbar, aufmerksam, neugierig und selbstbewusst beschrieben. Beobachtet man das Verhalten dieser Menschen, lassen sich hohe innere Widerstandskräfte vermuten, die Störungen von außen begegnen können und diese regelrecht abzuwehren scheinen. Das Gegenteil davon ist ein Zustand erhöhter Anfälligkeit, Unsicherheit und Schutzlosigkeit, der von Bewältigungsproblemen des Betroffenen geprägt ist und einer gesteigerten Verletzlichkeit entspricht. Die subjektive Wahrnehmung ist dabei von einer negativen Erfolgserwartung geprägt.

Die Forschungsrichtung der Psychologie, die dieses Phänomen der inneren Widerstandskraft, der *Resilienz*, untersucht, ist nicht neu. Seit den 1950er-Jahren gibt es den Begriff, und seit den 1970er-Jahren besteht gesteigertes Interesse, systematisch zu erkunden, woran es liegt, dass manche Menschen – zu Beginn der Untersuchungen waren es Kinder – mit sehr belastenden Situationen gut umgehen können und diese Phasen scheinbar unbeschadet überstehen. Im Vergleich zu den detaillierten Erkenntnissen bei Kindern und deren Entwicklung ist das Wissen über Resilienz bei Erwachsenen – und speziell in der Berufswelt – noch gering. Es gibt viele offensichtliche Parallelen, die eine Anwendung des Wissens über Kinder bei Erwachsenen nahelegen.

Aus diesen Erkenntnissen abgeleitet, möchte ich *Resilienz* und *Vulnerabilität* (erhöhte Verletzlichkeit) als Prozesse mit unterschiedlichen Phasen gegenüberstellen, die voneinander abhängig sind.

Nach einem Schicksalsschlag oder einer gravierenden Belastungssituation folgt bei jedem eine Phase der Verzweiflung mit ausgeprägten Opfergefühlen („Warum ich, warum ausgerechnet mir ...?"). Danach gibt es grundsätzlich zwei Optionen, deren Richtung maßgeblich durch unsere Erinnerungen und damit durch unsere inneren Überzeugungen beeinflusst wird. Was wir dabei unbedingt beachten müssen, sind die in diesem Kapitel geschilderten *verknüpften Erfahrungen*. Also alle Regeln, die wir gelernt haben und die zu unseren inneren Überzeugungen führen. In der Extremform sind die einen zunehmend überzeugt, ein hilfloser Passagier zu sein, während die anderen glauben, ein selbstverantwortlicher und selbstbewusster Pilot werden zu können.

Bei jenen, denen es immer wieder gelingt, ihre Opfergefühle loszuwerden, findet man eine Auffälligkeit in ihrem direkten Umfeld: harmonische soziale Beziehungen. Je mehr soziale Beziehungen wir führen, desto mehr Oxytocin produziert unser Gehirn – und das ist gleichbedeutend mit weniger Angst und mehr (Selbst-)Vertrauen. Mehr Vertrauen und Sicherheit bedeuten auch, dass man Mut schöpfen kann und sich weniger stark als Opfer fühlen muss. Wir können durch unsere sozialen Beziehungen, gerade in schwierigen Phasen, den Optimismus und damit den Glauben anderer übernehmen und sind dadurch auch im Positiven „ansteckbar". Sowohl das eigenverantwortliche Pilot-sein-Wollen als auch die Wirkung unseres sozialen Umfelds ermöglichen das Akzeptieren, das Annehmen von Rahmenbedingungen. Wir verlieren Ärger, Enttäuschung oder Wut auf die oder den (vermeintlichen) Verursacher unserer Einschränkungen.

Das bedeutet keineswegs, dass sich resiliente Menschen irgendwann über Schicksalsschläge freuen, sondern vielmehr, dass sie in der Lage sind, das selbstmitleidige Reflektieren über die Ursachen zu *beenden*. Der Prozess kann so in die nächste Phase übergehen: dem Nachdenken über mögliche Lösungen und Auswege und deren Umsetzung in konkrete Handlungen.

So besteht die Chance, dass auch „gelernten Passagieren" klar wird, dass es einen direkten Zusammenhang zwischen dem eigenen Handeln und Wohlbefinden gibt. Dadurch können wir erkennen, dass wir für unser Lebensglück mitverantwortlich sind, und müssen nicht mehr warten, bis wir „gerettet" werden.

In einer emotionalen Falle sitzen jene, die zu lange in ihrer Opferrolle verweilen und dabei eines lernen: Je bedauernswerter sie auf andere wirken, desto eher wird ihnen geholfen. Dadurch entsteht eine emotionale Abhängigkeit von der Hilfestellung und vom Mitleid anderer, die man durch ständige Formulierung des Problems (mit klaren Dramatisierungstendenzen) aufrechterhält. In dieser Phase beginnt für Menschen, die rechtzeitig die Opferrolle verlassen konnten, das Planen der eigenen Zukunft – ein wesentlicher Schritt auf dem Weg zur (gefühlten) Unabhängigkeit von den belastenden Umständen. Das Gefühl, das daraus entsteht, kennen viele: Optimismus, also die Zuversicht, ein Problem bewältigen zu können. Das ist letztlich der Glaube an eine grundsätzlich positive Zukunft. Das Leben bekommt dabei wieder einen Sinn. Dieser Glaube bedeutet auch, dass man vermehrt in der Lage ist, anderen Menschen zu vertrauen. Man lässt sich gerne helfen, hilft aber selbst auch anderen und verhält sich zunehmend netzwerkorientiert. Das Oxytocin sprudelt also und die eigenen Ängste und Unsicherheiten werden dadurch weniger.

Der gegenteilige Effekt tritt ein, wenn uns dieser „resiliente" Umgang mit Problemen nicht gelingt. In dem Fall neigen wir dazu, unsere Vergangenheit als positiv zu bewerten: Sie liegt bereits hinter uns und kann somit keine Verunsicherung mehr hervorrufen.

Was morgen kommen könnte, macht hingegen Angst, weil die Vorhersage im eigenen Gehirn immer „Schlechtwetter" prognostiziert: Pessimismus und Misstrauen prägen vermehrt die Entscheidungen des Alltags und verstärken Angst, Unsicherheit und Freudlosigkeit.

In der nachfolgenden Abbildung sind sieben Phasen zu mehr
Widerstandskraft einerseits und zunehmender Verletzlichkeit
andererseits grafisch gegenübergestellt, die – speziell bei Erwachsenen – beobachtbar sind:

*Abbildung 1: Vulnerabilitätsphasen (ohne Unterlegung) und Resi-
lienzphasen (grau hinterlegt)*

Einerseits müssen wir Herdentiere die soziale Akzeptanz und
Zuneigung anderer spüren, sind aber gleichzeitig davon abhängig, uns von deren Hilfe unabhängig fühlen zu können. Und Unabhängigkeit empfinden wir immer dann, wenn wir erkennen
können, dass sich unsere Anstrengungen und Handlungen direkt auf unser persönliches Wohlbefinden auswirken. Wir sind
also hin- und hergerissen zwischen Kooperation und Konkurrenz, zwischen *wir* und *ich*. Im Kapitel „Hirngerechte Mitarbei-

terführung" werden wir uns dieses ambivalente Verhalten, das tief in uns zu sitzen scheint, aus einem anderen Blickwinkel ansehen. Erleben wir eine gute Balance zwischen sozialer Abhängigkeit und persönlicher Eigenverantwortung, so empfinden wir weniger Angst vor Überforderung und erleben Alltagsherausforderungen weniger verunsichernd. „Gefühlte Hilflosigkeit" kann so nicht zum Problem werden.

Gerade in der Entwicklung von Kindern ist deutlich erkennbar, dass stabile soziale Beziehungen eine angstfreie Entwicklung bewirken: Spüren Kinder, dass sie sich auf ihre Eltern verlassen können, ist es sehr wahrscheinlich, dass sich aus bestehenden Unsicherheiten durch dosierte Risikobereitschaft vermehrt Sicherheit entwickelt. Dabei verstärkt sich sukzessive das Selbstbewusstsein. Andererseits gibt es viele Kinder, die wissen, dass es für sie keine emotionale Unterstützung gibt und dass sie sich auf ihre primären Bezugspersonen nicht verlassen können. Das bewirkt aber keineswegs in jedem Fall gesteigerte Verletzlichkeit. Nicht selten ist sogar das Gegenteil beobachtbar, nämlich eine offensichtliche Ausbildung resilienzsteigernder Verhaltensweisen.

Soziale Beziehungen und Anerkennung in einer Gruppe können sich auch im Kindergarten und den ersten Schuljahren entwickeln. Wichtig dabei scheint zu sein, dass *eine* Bezugsperson gefunden wird. In diesem Fall bieten die erlebten Beziehungen genügend Sicherheit, dass ein Kind Selbstbewusstsein und damit Resilienz als eine Art „Lebensweisheit" entwickeln kann. Mittlerweile ist gut belegt, dass Erwachsene trotz negativer Kindheitserfahrungen – durch Verstehen und Reflektieren des eigenen Verhaltens und durch Ausprobieren anderer Verhaltensoptionen – das eigene Verhalten besser steuern und regulieren können. Dadurch sollte es also grundsätzlich auch noch im Erwachsenenalter möglich sein, vermehrt Resilienz zu entwickeln.

Mich beeindrucken Patienten nach Krebsdiagnosen, die weiterhin eine positive, optimistische Lebenseinstellung bewahren können, oder Menschen, die sich nach dem Verlust eines Kindes oder Partners nicht aufgeben. Diese Menschen sind weiterhin in der Lage, ein erfülltes Leben zu führen. Besonders bewegt hat mich die Geschichte eines Schweizer Skirennläufers, der nach einem Skiunfall während eines Abfahrtslaufs so schwer stürzte, dass er querschnittsgelähmt blieb. Trotz der erschütternden Diagnose und einer ersten Phase der Verzweiflung hat den jungen Sportler nie der Lebenswille verlassen. Er scheint schnell akzeptiert zu haben, dass es kein Zurück mehr gibt und er ein Leben lang gelähmt bleiben wird, ohne dass er dabei resignierte und in der dauerhaften Opferrolle verblieb. Noch während der ersten Rehabilitation hat er begonnen, über seine Zukunft nachzudenken und durchaus attraktive Optionen für seinen weiteren Weg erkannt. Er gelang ihm, nicht ständig darüber nachzudenken, was er alles *nicht* mehr machen kann, sondern sich darauf zu konzentrieren, was es für Möglichkeiten gibt, die ihm Spaß machen könnten. Mittlerweile hat er ein Studium absolviert und ist ein erfolgreicher Sportmanager. Ich möchte Ihnen damit keine kitschige Geschichte erzählen, finde aber, dass es gutes Beispiel dafür ist, wie man mit einer resilienten Lebenseinstellung Dinge meistern kann, die für viele unüberwindbar scheinen.

RESILIENTE ORGANISATIONEN

Betrachten wir schließlich Resilienz als systemisches Phänomen, im Sinne widerstands- und anpassungsfähiger Organisationen, werden einige Parallelitäten offensichtlich, die sich in der Praxis beobachten lassen. Die Belastbarkeit der Organisation hängt zumindest von vier Faktoren ab, die sich mit Resilienz in Verbindung bringen lassen:

1. Durch die Förderung eines sozialen und stabilen Klimas wird es dem Einzelnen ermöglicht, sich in einer Gemeinschaft geborgen und wohl zu fühlen. Die Bindungsfähigkeit einer Organisation, also Menschen ein soziales „Zuhause" zu bieten, ist ein wichtiger Faktor für die Ausbildung von systemischer Resilienz. Menschen arbeiten für Menschen und nicht für Funktionen!

2. Resilienz durch Kontrolle der Balance zwischen Kooperation und Konkurrenz innerhalb einer Organisation: Kooperation entsteht in Abhängigkeit von einem klaren gemeinsamen Ziel, das alle Beteiligten verstehen und akzeptieren können. Man „hat sich lieb" und weiß, wofür man sich gemeinsam anstrengt. Unternehmensziele müssen daher als gemeinsame Ziele erkennbar sein, um ein starkes Motiv zum gemeinsamen Handeln auszulösen. Mir erzählen Mitarbeiter leider immer häufiger, dass sie in internen Meetings sitzen und sich dort Dinge anhören müssen, die sie überhaupt nicht interessieren oder betreffen. Das höre ich zunehmend auch von Mitarbeitern des mittleren Managements! Das gemeinsame Unternehmensziel ist in diesen Fällen offensichtlich nicht mehr sichtbar. Dazu kommt noch eine Beobachtung: In vielen Fällen erlebe ich, dass Mitarbeiter keine Orientierung über das aktuelle Verhältnis zum natürlichen „Feind" der Organisation haben: dem Mitbewerber. Es ist demotivierend, sich mit jemandem „messen" zu sollen, wenn weder dessen Strategien, aktuelle Verkaufszahlen, Produktdetails noch geplante Innovationen bekannt sind. Niemand ist gerne in einem Wettkampf mit einem faktisch unbekannten Gegner. Können wir keinen gemeinsamen Feind außerhalb der eigenen „Herde" erkennen, neigen wir wie alle sozialen Säugetiere dazu, einen Feind innerhalb des Systems zu suchen. Und der ist schnell gefun-

den ... so kann es zwangsläufig zur Destabilisierung kommen.

3. Neben ausgeprägter Kooperation bedarf es aber auch einer gewissen Konkurrenz und Unsicherheit, da sonst die Tendenz zum Starten des „Energiesparprogramms" besteht, sowohl auf individueller als auch auf Organisationsebene. Menschen investieren nur dann Energie, wenn es einen guten Grund dafür gibt.

4. Resilienz durch rasches Handeln und klare und glaubwürdige Kommunikation: Die Fähigkeit einer Organisation, sich nach signifikanten Veränderungsprozessen schnell wieder zu stabilisieren, wird immer entscheidender für den Unternehmenserfolg. Vergleichbar der Selbstregulation eines Organismus kann es zu einer raschen Stabilisierung und damit zur Beruhigung innerhalb der Organisation kommen. So kann sich beim Einzelnen wieder Sicherheit entwickeln. Die kollektive Opferrolle mit den klassischen Begleiterscheinungen der Jammerkultur und des Zynismus kann durch rasches Handeln und klare und glaubwürdige Kommunikation schneller verlassen werden.

5. Resilienz als Risiko- und Innovationsbereitschaft: Sind allgemeine Beruhigung und Sicherheit wieder hergestellt, wird die Bereitschaft, mit- und weiterzudenken, wieder steigen. Lösungsorientiert und zukunftsplanend zu agieren in einem Netzwerk, auf das man sich verlässt, ist Voraussetzung von Innovation und Anpassungsfähigkeit einer Organisation. Der Transfer einer Fehlerkultur in eine Lernkultur ist oftmals ein entscheidender Schritt.

ZUSAMMENFASSUNG

Ob wir uns gestresst fühlen oder nicht, ist im Wesentlichen davon abhängig, ob wir das Gefühl haben, belastende Situationen bewältigen zu können. Entweder wir glauben daran, selbst zur Linderung unseres akuten Leids beitragen und unser Problem eigenständig (oder mit der Hilfe anderer) lösen zu können, oder wir glauben eben nicht daran. Zynismus, Jammern, Resignation und Pessimismus sind direkte Folgen der inneren Überzeugung, ein Problem nicht bewältigen zu können. Ob wir Stress also als kontrollierbar (bewältigbar) oder unkontrollierbar empfinden, hängt demnach von unseren subjektiven Lebenserfahrungen ab.

Wir sollten von jenen lernen, die sich nicht oder nur selten als Opfer fühlen und bei Problemen selbst zu handeln beginnen, um ihr eigenes Wohlbefinden positiv zu beeinflussen. Solche Menschen haben bei ihren ersten Versuchen meist eine wichtige Lebenserfahrung gemacht: Nicht jeder Versuch gelingt. Das zu akzeptieren, ist der Schlüssel zum Erfolg, weil das Handeln an sich mindestens so wichtig ist wie der Erfolg des Vorhabens. Und eines sollte man dabei nicht übersehen: Ein soziales Umfeld, das einem im Krisenfall Optimismus und Unterstützung liefert, ist ebenfalls ein entscheidender Faktor, der uns hilft, Belastungen bewältigen zu können.

Kapitel 3

Arbeit und Belastung

Zeit ist Geld. Letztendlich ist es nur der Wettkampf um Marktanteile, der diesen Zusammenhang erklärbar macht: Will man Dienstleistungen oder Produkte verkaufen, muss man nicht nur den Kunden überzeugen, sondern dabei auch schnell sein. Man muss schnell erkennen, was gekauft werden könnte, muss schnell entwickeln und produzieren, dann schnell kommunizieren und ganz schnell verkaufen. Das scheint übrigens auch für die Medien und die Politik zu gelten. Hat ein Mitbewerber einmal das Nachsehen, muss er ganz schnell verstehen, was zu optimieren ist, oder er verschwindet vom Markt. Konkurrenz beschleunigt. Theoretisch könnten wir es wesentlich entspannter haben, wenn nicht irgendwer damit begonnen hätte. Wenn einer beginnt, müssen die anderen nachziehen.

Bei jeder Prozessoptimierung innerhalb einer Organisation spielt also der Faktor Zeit eine entscheidende Rolle. Dabei sollte auch die Qualität stimmen, das ist aber nicht immer zwingend so. Und das wissen wir als Konsumenten, Medien- und Politikbeobachter. Da das Management einer Organisation am kurzfristigen wirtschaftlichen Unternehmenserfolg gemessen wird, werden Zeitressourcen „am grünen Tisch" optimiert. Es geht schließlich um die Rechtfertigung der aktuellen Quartalszahlen. Durch die technischen Entwicklungen der letzten Jahrzehnte hat Arbeit – und unser Leben generell – eine völlig neue Dimension der Verdichtung erreicht.

Der kurzfristige wirtschaftliche Erfolg ist gerade in der Finanzwirtschaft enorm. Hier werden Geschäfte innerhalb weniger Millisekunden (!) automatisiert von Computern abgewickelt, weil unser Gehirn nicht annähernd in der Lage wäre, Kursschwankungen so schnell wahrzunehmen und Entscheidungen zu treffen. Das erledigen nun Computerprogramme, die mittels Algorithmen Vorhersagen und Entscheidungen treffen: die höchste Ausprägung der wechselseitigen Abhängigkeit von Zeit und Geld – mit den bekannten Konsequenzen. Der *Erfolg* wird gemessen und bewertet, nicht aber die *Leistung* und Anstrengung des Einzelnen. Wir sind geprägt von einer Erfolgskultur, in der zwangsläufig ein Widerspruch zur individuellen Belastbarkeit und Motivation entsteht.

Der folgende Abschnitt widmet sich den Nebenwirkungen, die immer mehr Menschen als Überlastung zu spüren bekommen. In Kapitel 4 („Arbeiten im Multitaskingmodus") werden wir auch die Vor- und Nachteile für die Organisation beleuchten.

MODEERSCHEINUNG JOB-BURNOUT?

Zum Thema „Burnout" gibt es seit Jahren einen öffentlichen Diskurs. Die Positionen reichen dabei von der Überzeugung, es handle sich um eine handfeste „Modeerscheinung", bis hin zu einem angstbesetzten Bedrohungsszenario. Unterschiedliche Betrachtungs- und Beurteilungsweisen zum Thema Burnout findet man nicht nur bei Laien, sondern auch bei Ärzten und Therapeuten. Festzuhalten ist: Burnout ist keine medizinische Erkrankung, also keine Diagnose. Es ist aber als Syndrom, das Überlastung im Arbeitsumfeld als Störung beschreibt, klar definiert. Ein Syndrom stellt – im Gegensatz zu einer Diagnose – eine Gruppe von Symptomen dar, die gesetzmäßig gemeinsam auftreten, deren Entstehung und Entwicklung aber noch unklar ist.

Gut dokumentiert ist die stetig steigende Anzahl an Betroffenen. Hier ein kleiner Auszug aktueller Daten aus Deutschland: Knapp 70 Prozent aller Beschäftigten empfinden einen deutlichen Anstieg des Leistungsdrucks seit Beginn der Wirtschaftskrise 2008/2009. Ein Drittel fühlt sich am Ende eines Arbeitstags zu erschöpft, um noch etwas zu tun „was Freude macht". Ebenfalls ein Drittel der Arbeitnehmer kann am Ende eines Arbeitstags nicht mehr abschalten. In der Informationstechnologie-Branche stieg die Zahl jener, die angeben, nach Dienstschluss nicht mehr abschalten können, in acht Jahren um 22 Prozent.

Neu ist Burnout nicht. Bereits Ende der 1930er-Jahre wurde auf ein Phänomen hingewiesen, das in seinen wesentlichen Teilen dem heutigen Wissen über Burnout entspricht. „Psychische Sättigung", so die damalige Bezeichnung, sei auf der einen Seite gekennzeichnet von einer Ambivalenz aus Arbeitsverbundenheit und genereller Anstrengungsbereitschaft und auf der anderen Seite gleichzeitig zunehmender innerer Abneigung (Sättigung) gegenüber den konkreten Anforderungen. Das Auftreten dieses inneren Konflikts war vor allem bei Aufgaben zu finden, die von Monotonie und dem Gefühl von Fremdbestimmung geprägt waren.

Das entspricht genau der Situation, in der sich die Ratte im Käfig ohne Hebel befand, die Sie in Kapitel 2 kennengelernt haben. Und wie Sie in Kapitel 1 gelesen haben, verhindert die Fließbandarbeiterin, deren Arbeitsanforderungen genau diesem Schema entsprechen, durch die Schaffung eigenmotivierter Variationen der monotonen Abläufe, dass die Routinefalle zuschnappt.

Diese Falle schnappt immer dann zu, wenn wir mit einer Tätigkeit beschäftigt sind und gleichzeitig an etwas ganz anderes denken, also unsere Arbeit unkonzentriert – in dem aus Kapitel 2 bekannten „Erwartungsmodus" – absolvieren. Wir benötigen bei monotoner Routinetätigkeit nicht unsere gesamten 40 Bit Aufmerksamkeit und können die nicht genutzten geistigen Ressourcen gleichzeitig für andere, bewusste, häufig negative, Gedanken und Überlegungen nutzen. Diese Falle schnappt aber auch dann zu, wenn wir keinen Fortschritt sehen können, also nicht erkennen können, worin wir unsere Energie investieren. Durch ständige geistige Unterforderung und die dadurch bedingte leichte innere Ablenkbarkeit wird die Auswirkung der

Energieinvestition intransparent und das Belohnungssystem bewertet die Arbeit als nicht lohnenswert. Es verweigert die Produktion von Dopamin, sodass weder Motivation noch Begeisterung aufkommen können. Die Arbeit beginnt uns zunehmend sinnlos zu erscheinen.

Es mag provokant klingen, aber meinen Sie nicht auch, dass bei genauer Betrachtung unsere Arbeitswelt häufig von Routine geprägt ist? Hektisch aneinandergereihte Routinetätigkeiten, die wir – isoliert betrachtet – schon Hunderte Male durchgeführt haben, prägen doch den Arbeitstag vieler Angestellter: Telefonate, E-Mails, SMS, Telefonkonferenzen und stundenlange Meetings sind für die meisten Alltag. Häufig ist man gezwungen, sich mehr auf die Einhaltung von Terminen zu konzentrieren als auf die Lösung spannender Aufgaben oder die Entwicklung neuer Ideen. Mir ist schon bewusst, dass das Prinzip der Arbeitsteilung zwangsläufig zu solchen Routinehandlungen führen muss, ich bin aber auch der Überzeugung, dass die reine Optimierung der „Abarbeitungs-Techniken" nicht die Lösung dieses Problems sein kann. Gibt es nämlich für unser Gehirn keinerlei Motiv, mitzudenken und sich bewusst auf seine Arbeit zu konzentrieren, entsteht zusätzliche Intransparenz.

Das Gefühl „auf der Stelle zu treten" wird spürbar. Zu Beginn ist uns vielleicht nur langweilig und wir fühlen uns unterfordert. Wenn diese Situation aber zu lange andauert, kann es sogar zu gesundheitlichen Problemen kommen. In einem schleichenden Prozess durchlaufen wir unterschiedliche Phasen, die von offensichtlichen Konzentrationsproblemen über Ab- und Gegenwehrstrategien, das Sinken der eigenen Effektivität bis hin zur inneren Resignation reichen.

Ich möchte mit diesem Buch aber nicht einen weiteren Versuch der Beschreibung des Burnout-Verlaufs unternehmen. Es gibt allerdings offensichtliche Persönlichkeitsmerkmale, die die Anfälligkeit für Job-Burnout erhöhen: *Misstrauen* gegenüber den Fähigkeiten anderer, *ausgeprägter Perfektionismus* und die Überzeugung, Liebe und Anerkennung nur durch *maximalen Arbeitseinsatz* zu bekommen, sind drei häufig zu beobachtende Eigenschaften. Zwei weitere Auffälligkeiten, die in der Praxis regelmäßig zu erkennen sind: *sozialer Rückzug* und die *Leugnung eigener Bedürfnisse*. Kommen dann noch „Helfersyndrom" – also der Wunsch, allen alles recht machen zu wollen – und das Gefühl, keine Schwäche zeigen zu dürfen, dazu, so gleichen wir einem Sportwagen ohne Drehzahlbegrenzer: Die Gefahr, den Motor zu überlasten, wird dadurch sehr hoch.

Die inneren Konflikte, die der Prozess des Los- oder Ablassens von anvisierten Zielen provoziert, scheinen also vor allem jene zu betreffen, die sich mit dem Ziel ihrer Arbeit grundsätzlich sehr stark identifizieren können oder müssen. In chronisch belastenden Phasen revoltieren einige von uns: Sie beginnen darüber nachzudenken, was sie verändern können, damit es ihnen emotional besser geht. Andere versuchen, nicht beeinflussbare Probleme zu lösen, durchzuhalten und brechen im schlimmsten Fall irgendwann emotional zusammen. Wir haben die Prozesse, die zu mehr innerer Widerstandskraft einerseits oder erhöhter Verletzlichkeit andererseits führen, als Resilienz beziehungsweise Vulnerabilität in Kapitel 2 kennengelernt.

Oberflächlich betrachtet könnte man meinen, dass jene, die zusammenbrechen, „einfach" depressiv werden. Sie weisen sogar einige Parameter auf, die eine Depression kennzeichnen, und trotzdem ist man sich in Fachkreisen zumindest darin einig, dass Depression und Burnout *nicht* dasselbe sind.

DEFINITION UND KERNKRITERIEN DES BURNOUT-SYNDROMS AM ARBEITSPLATZ

Drei auffällige Persönlichkeitsveränderungen lassen sich beim Burnout-Syndrom am Arbeitsplatz definieren, die immer gemeinsam – und häufig in dieser Reihenfolge – auftreten:

1. Entfremdung, Abneigung und emotionale Distanzierung: Plötzlich entwickelt sich eine negative Einstellung zur Arbeit, zum Chef, zu den Kollegen und Mitarbeitern, den Kunden und den Klienten. Nicht selten wird diese Abneigung von Zynismus begleitet.
2. Reduzierte Leistungsfähigkeit: Ineffizienz und die Kompensation durch Überstunden ist häufig gekoppelt mit ausgeprägten Zweifeln, die Arbeit überhaupt noch schaffen zu können. Das Selbstbewusstsein sinkt.
3. Emotionale Erschöpfung und Depression: Die Lebensfreude sinkt drastisch. Lachen, sexuelle Lust und das Gefühl der Vorfreude werden zur Seltenheit.

Begleitet werden können diese zentralen Auffälligkeiten von vielfältigen körperlichen Symptomen, die, je nach persönlichen „Schwachstellen", mehr oder weniger stark in Erscheinung treten können:

1. ausgeprägte Schlafstörungen (Einschlaf-, Durchschlafstörungen),
2. Schmerzen in Kopf, Rücken oder Muskulatur,
3. Appetitlosigkeit oder übermäßiges „Frust-Essen",
4. Verdauungsprobleme (von Verstopfung bis zu Durchfällen (Reizdarm)),
5. Magenprobleme: Gastritis (Entzündung der Magenschleimhaut), Reflux der Magensäure (saures Aufstoßen mit einer Entzündung der Speiseröhre),
6. deutlich erhöhte Infektanfälligkeit (Schwäche des Immunsystems),

7. Tinnitus (Geräusche im Ohr) oder Hörsturz,
8. sexuelle Funktionsstörungen.

SALUTOGENESE

Am Arbeitsplatz begegnet uns das Problem der Demotivation, die gesundheitliche Einschränkungen nach sich ziehen kann, vor allem durch das Gefühl, kaum mehr Spielraum für die eigenständige Gestaltung der Arbeit zu finden. Zu häufig wird man unterbrochen, abgelenkt oder „in Meetings gesetzt". Zu häufig werden vorgegebene Ziele verändert, Projekte gestoppt, Führungskräfte ausgewechselt und wird gleichzeitig nur mangelhaft und nicht nachvollziehbar erklärt, warum das alles passiert. Dazu drängt sich in diesem Zusammenhang ein weiteres Problem auf: Widerstrebt uns eine bestimmte Arbeit, weil sie nicht unseren inneren Überzeugungen entspricht, oder ist überhaupt der Sinn der Arbeit unklar, so kann unsere Anstrengung nicht als lohnend wahrgenommen werden. Innere Gegenwehr und ein deutlich erhöhtes Belastungsempfinden sind die Folge. Begeisterung, Leistungsbereitschaft und aktives Mitdenken bei der täglichen Arbeit werden so kaum entstehen können. Hier gibt es einen Zusammenhang zu gesundheitlichen Problemen bis hin zu Überlastungserkrankungen wie dem Burnout-Syndrom.

Anders als die Pathogenese (die Wissenschaft zur Entstehung von Krankheiten) beschäftigt sich das aus dem letzten Jahrhundert stammende und gerade wieder sehr moderne Erklärungsmodell der *Salutogenese* mit der Frage nach Entstehung und Aufrechterhaltung von Gesundheit. Nach diesem Modell ist Gesundheit kein Zustand, sondern ein lebenslanger Prozess, der ständigen Schwankungen unterliegt und bei dem Belastungen durch den Aufbau innerer Widerstandsressourcen gegengesteuert wird. Durch ausreichende Widerstandsressourcen entsteht ein Gefühl der Bewältigbarkeit und des Vertrauens in die eigenen Fähigkeiten und in das soziale Umfeld: das *Kohärenzgefühl*.

Nach dieser Theorie verfügen wir über eine Art „siebenten Sinn", der permanent die Sinnhaftigkeit und die Bedeutung unserer Handlungen und Herausforderungen misst und bewertet. Ähnlich unserer primären Sinne (Sehen, Hören, Riechen, Schmecken, Tasten, Gleichgewicht) gibt dieses Sensorium unmittelbar Rückmeldung darüber, ob das Sicherheits- und Bindungsbedürfnis der Spitzmaus nach Nähe und sozialer Akzeptanz in der Gruppe, nach Harmonie und Zugehörigkeit gerade befriedigt wird oder nicht. Das *Kohärenzgefühl*, das bei Befriedigung entsteht, gibt uns also den Glauben an Sinnhaftigkeit.

Der Sinn für *Kohärenz* ist demnach angeboren und das *Kohärenzgefühl* eine Konsequenz der Wahrnehmungen aller Herausforderungen und zwischenmenschlichen Beziehungen.

Drei Bedingungen müssen nach diesem Modell erfüllt sein, damit wir dieses Gefühl der *Sinnhaftigkeit* erleben können: Verstehbarkeit, Bewältigbarkeit und Mitgestaltungsmöglichkeit.

1. Verstehbarkeit: Die Bedeutung äußerer und innerer Anforderungen muss rational nachvollziehbar und damit vorhersehbar und berechenbar sein.
2. Bewältigbarkeit: Es müssen die Ressourcen zur Verfügung stehen, die uns helfen, den Anforderungen zu begegnen. Anforderungen müssen als Herausforderungen erlebt werden können, damit die Energieinvestition als lohnend interpretiert wird.
3. Mitgestaltungsmöglichkeit: In unserer Arbeitswelt sollten Möglichkeiten zur Mitgestaltung gegeben sein, um in uns nicht das Gefühl der Fremdbestimmung aufkommen zu lassen. Die Fähigkeit der Führungskraft spielt dabei eine wichtige Rolle, damit das Gefühl entstehen kann, im gewissen Rahmen eigenbestimmt handeln zu können.

Der Glaube an den Sinn ist letztlich das Resultat aus Versteh- und Bewältigbarkeit und der Möglichkeit, selbst mitzugestalten. Das mehrfach geschilderte Motivationssystem der Spitzmaus wird immer dann aktiviert, wenn wir das Kohärenzgefühl erleben. Es fungiert als „Zuwendungssystem". Als ebenso lebensnotwendigen Gegenpol gibt es das „Abwendungssystem" unseres Froschgehirns. Es steuert unser Verhalten, wenn es darum geht, Gefahren, wie die Bedrohung durch einen Rivalen, zu bekämpfen. Das Abwendungssystem ist direkt mit dem Angstzentrum im Gehirn gekoppelt und aktiviert unsere Leistungsreserven für den Ernstfall.

Psychische und physische Gesundheit werden durch ein gutes Zusammenspiel dieser beiden Systeme aufrechterhalten.

EIN NÄHRBODEN FÜR ÜBERLASTUNG

Wie wir schon in Kapitel 1 zur „Logik unseres Belohnungszentrums" gesehen haben, erleben wir innere Zufriedenheit durch die Wirkung von Belohnungs- und Glückshormonen. Die Produktion dieser gesunderhaltenden und leistungsfördernden Hormone ist abhängig von einer Vielzahl von Faktoren. Sowohl das Zusammenspiel zwischen unserem Körper und unserem Gehirn als auch die subjektiv erlebte Wechselwirkung mit anderen Menschen und die Wechselwirkung mit unserer Umgebung bestimmen mit, ob wir unsere Aufgaben als *heraus-* oder als überfordernd erleben. Daher gibt es mannigfaltige Ursachen, warum viele von uns ihre täglichen Aufgaben als überfordernd empfinden und damit überlastet sind.

Ohne Anspruch auf Vollständigkeit würde ich gerne weitere Punkte benennen, die – in Ergänzung zu den Salutogenese-Bedingungen – einen „idealen Nährboden" für Überlastung darstellen:

Fehlende soziale Akzeptanz
Wir sind, durch die Logik unserer Spitzmausbedürfnisse (Bindung, Sicherheit und Neugier), abhängig von sozialer Akzeptanz, Anerkennung und Wertschätzung in der Gruppe. Für uns Säugetiere sind vor allem Aufmerksamkeit und Lob von Ranghöheren starke Signale, die unser Beziehungshormon sprudeln lassen. Oxytocin dämpft, wie bereits geschildert, unsere Ängste. Fühlt man sich aus der eigenen Gruppe ausgeschlossen, wird nicht unterstützt oder sogar gemobbt, bekommen wir Angst und produzieren Stresshormone wie das Cortisol.

Unterforderung
Wie in Kapitel 1 am Beispiel zweier unterschiedlich erfolgreicher Mammutjagden geschildert, sind wir für einzelne Misserfolge und Rückschläge grundsätzlich programmiert. Sie erinnern sich, dass zwei Dinge demnach nicht passieren sollten: permanenter Misserfolg durch Überforderung oder permanentes – und zu leichtes – Gelingen durch zu geringe Anforderungen. Im ersten Fall kann es zu genereller Resignation kommen, wenn die Menge an Arbeit und/oder die Komplexität permanent unsere Fähigkeiten oder unsere Ressourcen übersteigt. Im zweiten Fall kann dies zu innerer Trägheit und dem ausgeprägten Gefühl der Sinnlosigkeit führen. Gelingt uns alles zu leicht, so besteht für uns kein Grund, an Verbesserungen zu feilen oder uns vermehrt anzustrengen. Lernen und eine persönliche Weiterentwicklung werden dadurch effizient gehemmt. Ist in dieser Situation dann eine zusätzliche Anstrengung gefordert oder kommt es zur Einschränkung von persönlichen Privilegien, ist Demotivation eine direkte Konsequenz. Besonders schlimm trifft es Menschen ohne Aufgabe: Arbeitslose oder Mitarbeiter mit permanent unterfordernden Aufgaben.

Das fehlende Gefühl der Kontrollierbarkeit
Zur inneren Belohnung kann es aber auch nur dann kommen, wenn wir tatsächlich sehen können, wofür wir uns gerade so angestrengt haben. An diesen *Zusammenhang* glauben zu können, ist leider keine ausschließliche Fähigkeit unseres Controllers, also unserer Vernunft. Wir müssen diesen Zusammenhang eben auch sehen *und* spüren können, um Selbstwirksamkeit zu erleben.

Ich denke, Sie erkennen die beiden offensichtlichen Verhinderungsmöglichkeiten für Motivation in diesem Zusammenhang: unklare Vorhaben und/oder Intransparenz in den eigenen Arbeitsprozessen und -abläufen. Die Greifbarkeit ist uns in dieser Beziehung übrigens durch die Digitalisierung und die damit verbundene hektische und ungeduldige Zerteilung (Fragmentierung) der Arbeitsprozesse abhanden gekommen. Wir betreiben Multitasking – und dieser Prozess macht alles, was wir tun, intransparent für unser Belohnungssystem.

Fehlende Kooperation
Konkurrenz wird nicht selten als „Hemmschuh" für individuelle Entwicklung und Motivation gesehen. Ich bin davon überzeugt, dass dies nur dann zutrifft, wenn nicht gleichzeitig enge Kooperation erlebt wird: Wie ich im Kapitel „Hirngerechte Mitarbeiterführung" zeige, gibt es drei auffällige Merkmale sozialer Säugetiergruppen: Rangordnung, Kooperation und Konkurrenz. Als „Herdentiere" sind wir daher auf ein „Wir gegen andere" programmiert. Wir erkennen, wer unser Freund ist, und glauben immer zu wissen, wer der Feind ist. Wir benötigen also ein klares Ziel- oder auch Feindbild, um Kooperation innerhalb der eigenen Herde zu erleben. Kurzfristig macht sogar Konkurrenz innerhalb der eigenen Herde Sinn, da es die „Gesamtfitness" – wie wir das aus Sport-Trainingslagern kennen – erhöht und damit zu große Passivität in der berühmten „Komfortzone" verhindert.

Wird Konkurrenz chronisch und zum Systemmerkmal, wirkt sich das aber nachteilig aus: Die Schwachen werden schwächer, und die wenigen Starken werden stärker. Systemisches Wachstum und Entwicklung in der Gruppe werden so gehemmt.

Ungerechtigkeit

Als soziale Tiere, die in hierarchisch arbeitsteiligen Gemeinschaften leben, haben wir einen ausgeprägten Sinn für den Vergleich von Rang und Privilegien untereinander. Wenn wir das Gefühl haben, dass jemand etwas bekommt, das gefühlsmäßig uns selber zusteht, reagieren wir für gewöhnlich mit Neid. Dieser kann entstehen durch die Ungleichverteilung von Aufmerksamkeit genauso wie durch direkte Bevorzugung anderer (ungleiche Entlohnung, Dienstautos oder das zur Verfügung gestellte Büro).

Jammern, Pessimismus und dramatisierende Wortwahl

Unsere Spitzmaus hat vor jeder Entscheidung, sich für etwas anzustrengen, eine genaue Vorstellung vom Verlauf, dem Aufwand und dem zu erwartenden Ergebnis. Sie tut das aufgrund eines Prognose-Vorurteils, bedingt durch ihre subjektiven Erfahrungen – also dem Farbspektrum ihrer Gedächtnis-Ordner. Wir haben bereits verstanden: Zu viele angstbesetzte rote Ordner mit Erinnerungen, die in irgendeinem Zusammenhang mit der anstehenden Entscheidung stehen könnten, bedeuten negative Erfolgserwartungen und Pessimismus. Ich verweise an dieser Stelle auf das Kapitel „Hirngerechte Mitarbeiterführung“, wo ich zum Thema „Leistungsbereitschaft und Optimismus“ schildern werde, wovon die Veränderbarkeit der Farben unserer Ordner abhängen.

Ungeduld

Wie Sie aus dem ersten Kapitel noch wissen, verfügt unser Gehirn über einen Controller, der bewusst auf Ordnerinhalte, also auf unsere subjektiven Erfahrungen und unser erworbenes Wissen, zugreifen kann. Damit könn(t)en wir aktiv auf Erinnerungen zurückgreifen und so Einfluss auf das – oft voreilige – Urteil von Frosch und Spitzmaus gewinnen. Dadurch sind wir vernunftbegabte Lebewesen, auch wenn man sich das beim Kollegen aus dem Nachbarbüro vielleicht nur schwer vorstellen kann. Der Controller mischt sich demnach unter bestimmten Bedingungen als Entscheidungsinstanz ein und ist in der Lage, Frosch- und Spitzmausbedürfnisse zu kontrollieren. Wenn Sie sich nicht mehr im Detail an das „40-Bit-Problem und die Kontrolle der Taschenlampe" und deren Abhängigkeit von Aufmerksamkeit und Vernunft erinnern, seien Sie bitte vernünftig und lesen noch einmal im ersten Kapitel nach. Unsere Ungeduld entspricht demnach unserer Unfähigkeit, den Controller zu aktivieren. Wenn wir sprichwörtlich „noch einmal darüber schlafen", gewinnen wir Abstand und sind in der Lage, vieles aus der nötigen Distanz, also durch die Brille des Controllers, zu betrachten. Dass das nur im „Offlinemodus" möglich ist, wissen Sie bereits aus Kapitel 2. Permanente Ungeduld trübt also die Sinne und führt zu oberflächlichen Wahrnehmungen und Betrachtungsweisen.

Permanente Erreichbarkeit und Arbeitsverdichtung
Ein wichtiger Belastungsfaktor unserer digitalisierten Arbeitswelt ist die gefühlte permanente Erreich- und Verfügbarkeit. Die beiden Stressfaktoren der gefühlten Hilflosigkeit und permanenten Erreich- und Verfügbarkeit sind ganz eng miteinander verbunden. Permanente Erreichbarkeit engt das Gefühl der freien Entscheidung deutlich ein. Auch hier verlieren immer mehr Arbeitnehmer das Gefühl der Selbstbestimmtheit und erleben die Konsequenz: nicht mehr abschalten zu können. Eine ganz konkrete Falle am Arbeitsplatz sind beispielsweise aktive E-Mail-Pop-ups und firmeninterne Kommunikationssysteme: Dadurch, dass wir diesen Tools quasi „ausgeliefert" sind,

entscheiden de facto die anderen, wann sie mit uns kommunizieren. In so einem Fall gibt es allerdings eine simple Abhilfe: Ausschalten und kurzfristig offline gehen, wenn wir uns auf eine wichtige Sache konzentrieren wollen. Eigentlich gibt es keinen triftigen Grund dafür, dass ein E-Mail-Programm im Hintergrund überhaupt permanent geöffnet sein muss. Wir müssen selbst entscheiden können, wann wir unsere E-Mails abrufen. So liefern wir selbst einen kleinen, aber nicht zu unterschätzenden Beitrag zur Vergrößerung des eigenen Gestaltungsspielraums. Der Zerteilung und Fragmentierung unserer Arbeit und dem zentralen Problem des chronischen Multitaskings werde ich in der Folge ein eigenes Kapitel widmen.

PRÄSENTISMUS

Ich war einmal zu einem Strategiemeeting bei einem unserer Kunden eingeladen, um die Qualifizierungsstrategie für die Führungskräfte des Konzerns zu diskutieren. Anwesend waren der sichtlich übermüdete Personalchef und seine an einem akuten Magen-Darm-Virus laborierende Mitarbeiterin. Die gute Frau berichtete mit erfrischender Offenheit und einer fast aufdringlichen Begeisterung von den hässlichen Szenen, die sich in der Nacht zuvor bei ihr zu Hause abgespielt hatten. Noch in der Früh sei es ihr richtig dreckig gegangen, aber diese Besprechung und eine weitere Präsentation am Nachmittag seien so wichtig, dass sie einfach kommen hätte *müssen*, erzählte sie. Falls sie plötzlich aufspringe, beruhigte sie uns, sollten wir uns nicht schrecken, es sei nur der akute Durchfall. Erbrechen müsse sie seit mehreren Stunden nicht mehr, erklärte sie in dem Versuch, wieder Farbe in das Gesicht ihres erbleichten Chefs zu zaubern. Ich selbst versuchte zu verdrängen, dass ich ihr eben die Hand gegeben hatte und gerade einen Schluck Kaffee aus einer Tasse trank, die sie mir serviert hatte. Wenn es jener Virus war, an den ich dachte, wäre ich in wenigen Stunden fällig. Und der übermüdete Personalchef wäre bei der Präsentation am Nachmittag sicher nicht mehr dabei.

Warum erzähle ich Ihnen diese Geschichte? Immer mehr Menschen kommen weiterhin zur Arbeit, obwohl sie krank sind oder sich chronisch müde gearbeitet haben. Das Gefühl der Unentbehrlichkeit, zu hoher Arbeitseifer, ein übertriebenes Pflichtgefühl oder schlicht Angst vor einer möglichen Entlassung können Gründe dafür sein. Aber auch die immer häufiger geforderte Eigenverantwortlichkeit der Mitarbeiter trägt dazu bei, dass wir keine Erholungsphasen einplanen oder im Krankheitsfall einfach weiterarbeiten. Lieber wird zu Medikamenten gegriffen, die vielleicht kurzfristig Linderung verschaffen, als Körper und Geist eine Regeneration zu gönnen. Das Phänomen ist mittlerweile so weit verbreitet, dass es dafür einen eigenen Begriff gibt: Präsentismus.

Daten einer 2011 erstellten Studie zeigen, dass Präsentismus doppelt so hohe Kosten verursacht wie krankheitsbedingte Fehlzeiten (*Absentismus*). Die Gefahren, die von diesem Anwesenheitsdrang ausgehen, sind vielfältig: Neben dem möglichen Lahmliegen ganzer Abteilungen sind die eingeschränkte Leistungsfähigkeit, die erhöhte Fehleranfälligkeit und die steigende Anzahl von Unfällen die größten Probleme. Und medizinisch betrachtet können nicht auskurierte Erkrankungen chronisch werden und damit nachhaltig Probleme schaffen. Rekonvaleszente Mitarbeiter, die regelmäßig – und trotz aufrechter Krankschreibung – mehrere Tage zu früh wieder ins Büro kommen, erlangen nicht selten Heldenstatus und werden mit offenen Armen vom Chef empfangen. „Super, dass du wieder da bist!" sollte durch die arbeitsrechtlich richtigere Aussage „Im Büro hast du noch nichts zu suchen!" ersetzt werden!

Dem Problem zu begegnen, ist keinesfalls einfach, da die gut gemeinten Tipps vieler Chefs, man solle bitte zu Hause bleiben, wenn man wirklich krank sei, kaum eingehalten werden. Die persönliche Entscheidung, krank zur Arbeit zu kommen, ist von unterschiedlichen persönlichen, arbeitsbezogenen und gesellschaftlichen Faktoren beeinflusst. Zu den persönlichen Einflussfaktoren gehören zum Beispiel Alter, Geschlecht, allgemeiner Gesundheitszustand und der Beziehungsstatus. Gesellschaftliche Faktoren sind Arbeitslosenzahlen und die allgemeine wirtschaftliche Lage (Arbeitsplatzunsicherheit).

Arbeits- und Organisationsbezogene Einflussfaktoren spielen bei der Entscheidung, krank zu arbeiten, eine wesentliche Rolle: Zeit und Termindruck, Unternehmens- und Führungskultur sowie der Umgang mit Fehlzeiten im Betrieb sind die auffälligsten Treiber, die Kranke zu früh wieder an den Schreibtisch locken. Nach derzeitigem Forschungstand besteht die beste Prävention einer hohen *Präsentismus*-Rate in den Maßnahmen eines professionellen Gesundheitsmanagements. Dazu gehört eine mitarbeiterorientierte Unternehmenskultur, in der die Mitarbeitergesundheit als zentrale Voraussetzung für das Erreichen der Unternehmensziele angesehen wird.

Schon lange konzentriert man sich im Gesundheitsmanagement nicht mehr nur auf die Reduktion von Fehlzeiten, sondern vielmehr auf den Erhalt der Gesundheit und der Motivation aller Mitarbeiter. Wirksame Beiträge zur Verbesserung der Situation kommen aus den Bereichen Unternehmens- und Führungskultur, Personalwesen und Arbeitsorganisation. Dabei spielen insbesondere die Arbeitseinstellung und die Fähigkeiten der Führungskräfte im Unternehmen eine wichtige Rolle.

Befragt man Mitarbeiter nach ihren Beweggründen, warum sie krank arbeiten, erkennt man den Zusammenhang mit der Fürsorgepflicht der Führungskräfte deutlich: Unsere eigenen

Befragungen und Beobachtungen in der Praxis decken sich hier mit den Ergebnissen verschiedener Untersuchungen zu dieser Fragestellung: Zwei Drittel aller Arbeitnehmer geben an, sich wegen ihres Pflichtgefühls dem Chef und der Firma gegenüber zum frühzeitigen Arbeitseinsatz zu motivieren. Knapp 50 Prozent tun dies wegen der Solidarität zu den Kollegen. Schlechtes Gewissen macht sich schnell breit, wenn man weiß, dass die überlasteten Kollegen versuchen, die zusätzliche Arbeit irgendwie zu stemmen. Immerhin ein Viertel der Befragten haben konkrete Angst um den Arbeitsplatz und machen daher möglichst schnell wieder weiter oder bleiben erst gar nicht zu Hause. Und besonders problematisch finde ich jene 25 Prozent der Rückmeldungen, die zeigen, dass Mitarbeiter direkte berufliche Nachteile aufgrund ihrer Abwesenheit erwarten. Und das nicht unberechtigt, wie ich kürzlich in der Aussage eines Mitarbeiters in einem persönlichen Gespräch feststellen musste: „Willst du dich für eine Managementposition empfehlen, kannst du dir bei uns keine Krankheit leisten."

Einerseits erkennt man aus diesen Daten, dass viele Mitarbeiter bereits unternehmerisch denken, Eigenverantwortung übernehmen und sich nicht strikt abgrenzen. Andererseits sieht man auch ganz deutlich, dass der Umgang mit dieser Einstellung erst gelernt werden muss – und zwar von Mitarbeitern und Führungskräften gleichermaßen. Führungskräfte haben darüber hinaus zwei wichtige „Hebel" in der Hand, mit denen sie hier positiv wirksam werden können: Einerseits müssen sie es schaffen, selbst als Vorbild wahrgenommen zu werden und nicht dadurch zu glänzen, dass sie gesundheitlich angeschlagen am Arbeitsplatz durchzuhalten versuchen. Andererseits müssen sie aber auch für Rahmenbedingungen sorgen, die es dem Einzelnen ermöglichen, zu Hause bleiben zu können, wenn es notwendig ist. Und es muss dringend verhindert werden, dass es zu einer flächendeckenden Verbreitung von unreflektierten Arbeitsmythen kommt. Dazu zählen jene persönlichen Vermutungen, die sogar vor direkten Nachteilen krankheitsbedingter Ausfälle warnen. Und wieder einmal ist Führung gefordert. Einen Mitarbeiter „vor sich selbst" zu schützen, wäre ein wichtiger und mutiger Schritt.

Da mir das Thema „Führung und Gesundheit" seit vielen Jahren besonders am Herzen liegt, finden Sie in diesem Buch ein eigenes Kapitel zu diesem Thema (Kapitel 5: „Hirngerechte Mitarbeiterführung").

ZUSAMMENFASSUNG

Ob wir unsere Arbeit häufig als belastend empfinden, hängt von den Arbeitsbedingungen und noch viel mehr von uns selbst ab. Auch wenn Burnout nicht als Krankheit definiert ist, so lässt sich dieses Phänomen gut beschreiben: Was sich im Laufe einer belastenden Lebensphase als generalisierte zynische Abneigung gegen Personen und Rahmenbedingungen äußern kann, führt bei dauerhaftem Bestehen der Probleme zu gravierenden individuellen Ermüdungserscheinungen und Leistungseinbußen. Das kann im schlimmsten Fall zu einer emotionalen Erschöpfung führen. Das Modell der Salutogenese ergänzt sehr schön, was ich bereits im vorherigen Kapitel beschrieben habe: Neben dem Gefühl, selbst zur Lösung eines Problems beitragen zu können, müssen wir unbedingt verstehen, warum eine bestimmte Situation oder Anforderung so ist, wie sie ist. Und wir müssen darüber hinaus daran glauben können, dass die Herausforderungen bewältigbar sind, sonst werden sie als überfordernd erlebt. Ohne entsprechendes Know-how und die notwendigen Ressourcen nützen uns auch die eigene Motivation und das Verständnis für die Notwendigkeit einer Anstrengung nichts. Werden im Arbeitsumfeld die gesundheitsrelevanten Rahmenbedingungen aber optimiert, so ist die Wahrscheinlichkeit sehr hoch, dass auch empfindliche Mitarbeiter gesund bleiben können und langfristig zum Erfolg eines Unternehmens beitragen. Die Hauptverantwortung für Burnout den Unternehmen zu übertragen, ist dabei allerdings ebenso übertrieben und falsch wie andererseits ein einseitiger Apell an die Eigenverantwortung des Mitarbeiters. Wie so oft gilt auch hier „sowohl als auch".

Kapitel 4

Arbeiten im „Multitaskingmodus"

Automatisierung und Digitalisierung haben unsere Arbeitswelt binnen weniger Jahre grundlegend verändert. Die Kurzlebigkeit von Produkten und Dienstleistungen, die in permanenter „Echtzeit-Kommunikation" neu erdacht, produziert und verkauft werden, haben nicht nur die Arbeitsprozesse, sondern auch uns selbst beschleunigt. Über E-Mails, SMS, Messenger-Systeme und firmeninterne Kommunikationstools wird „auf Teufel komm raus" unterbrochen und abgelenkt. Die Arbeitsprozesse haben sich „vergleichzeitigt", die einzelnen Arbeitsschritte sich zunehmend fragmentiert. Wir erledigen in derselben Zeit deutlich mehr als noch vor zwanzig Jahren, als Briefe verschickt werden mussten und Manager während der Arbeitszeit tatsächlich noch zeitweise nicht erreichbar (!) waren.

Die meisten von uns haben sich dabei einen typischen Arbeitsstil angewöhnt: Wir wechseln mehrmals täglich zwischen noch nicht abgeschlossenen Tätigkeiten. Das kann zwei Gründe haben: Entweder versuchen wir gerade, mehrere Aufgaben gleichzeitig zu lösen und „switchen" mehrmals pro Stunde von einem Thema zum nächsten und wieder zurück, oder wir unterbrechen eine Aufgabe für einen längeren Zeitraum. In ersten Fall sprechen wir von „Multitasking", im zweiten Fall von „Arbeitsunterbrechung". Multitasking und Arbeitsunterbrechung sind unterschiedliche Phänomene, die aber ähnliche Auslöser haben. Beide bewirken einen Aufgaben- und Aufmerksamkeitswechsel, der durch eine *Ablenkung* ausgelöst wird.

EIN TYPISCHER ARBEITSTAG

Eines möchte ich gleich zu Beginn dieses Kapitels klarstellen: Keinesfalls sehe ich digitale Informationsübermittlung und Kommunikationstechnologien an sich als Problem, sondern die intuitive Anwendung dieser Kulturtechniken. Wir arbeiten dadurch nicht mehr hirngerecht. Ein typischer Arbeitstag eines Arbeitnehmers, wie wohl viele von uns ihn kennen, lässt sich so beschreiben:

Wir kommen um 7:53 Uhr ins Großraumbüro, das Telefon läutet bereits. Wir heben sofort ab, telefonieren und starten gleichzeitig den Computer. Während des Telefonats aktivieren wir gleich unser E-Mail-Programm. Die E-Mails werden geladen und der Posteingang zeigt an, dass es 68 neue Nachrichten zu bearbeiten gibt. Das Telefonat ist beendet, das E-Mail-Programm bleibt für den Rest des Tages eingeschaltet und empfängt, gleichzeitig mit unserem Smartphone, unentwegt E-Mails. Der erste Kollege kommt zu unserem Tisch und will über das anstehende Meeting diskutieren. Das Mobiltelefon läutet, wir checken schnell, wer der Anrufer ist, und heben nicht ab. Unwichtig. Wir versuchen, wieder den Worten des Kollegen zu folgen, schaffen es aber nicht, weil wir für das Meeting, das in 20 Minuten beginnt, noch unvorbereitet sind und den Zeitdruck spüren. Wir tun so, als ob wir zuhören, man will ja schließlich nicht unhöflich sein. Der Kollege geht und wir bemerken, dass wir keine Ahnung haben, was er eigentlich wollte. Wir schalten unser Mobiltelefon stumm und wollen nicht mehr gestört werden. Eine Kollegin ruft über zwei Tische hinweg, ob man gemeinsam mittagessen gehen will. Wir sagen zu, nur um nicht erklären zu müssen, warum wir eigentlich keine Zeit dafür haben. Soziale Beziehungen sind schließlich wichtig. Wir bereiten uns nun auf das Meeting vor, indem wir die Agenda checken und der Präsentation noch schnell die Daten eines Kollegen hinzufügen, die er erst gestern Abend gesendet hat. Dieser „Deadline-Junkie"! Um fünf Minuten zu spät im Meeting angekommen, entspannen wir uns gleich wieder, die Chefin ist ja auch noch nicht da. Wir nutzen die Zeit, um gleich die ersten E-Mails zu bearbeiten. Parallel dazu kommen bereits die nächsten im Posteingang an, die zur Beruhigung natürlich gleich schnell überflogen werden. Die Chefin ist da! Die Finger von der Tastatur, das Notebook leicht zugeklappt, das Handy stumm geschaltet und los geht's. Ein Kollege, der an einem anderen Projekt arbeitet, startet den Präsentationsreigen. Das betrifft uns aber nicht, daher öffnen wir vorsichtig und ohne schlechtes Gewissen das Notebook und widmen uns wieder den E-Mails. Ein Blick in die Runde verrät: 20 Prozent der Anwesenden hören dem Kollegen zu, der Rest macht „Büroarbeit". Nach zwei Stunden im Meeting haben wir 41 E-Mails bearbeitet, zwölf Minuten unser Projekt präsentiert, fünf SMS geschrieben (eines davon an eine Kollegin im selben Raum!), dabei wurden wir 27 Mal unterbrochen. Eigentlich ärgerlich. Und so geht es den ganzen Tag weiter, von einem Termin zum nächsten, zurück zum Schreibtisch und wieder weiter zum nächsten Punkt. Dazwischen gibt es Unmengen an Arbeitsanweisungen und Diskussionen, die uns ständig daran hindern, dass wir endlich konzentriert länger an den dringenden und wichtigen Tätigkeiten weiterarbeiten sollten. Am Abend sind wir müde und ausgelaugt und ertappen uns dabei, dem eigene Partner und den Kindern nicht mehr zuhören zu können. Das Mobiltelefon ist trotzdem immer in Reichweite. Und die allerletzte Tätigkeit vor dem Einschlafen ist noch ... richtig, ein finaler E-Mail-Check. Man ist beruhigt, keine neuen E-Mails, die Kollegen schlafen offensichtlich auch schon. Geschafft.

Ich habe Sie in der Einleitung zu diesem Buch schon gefragt, ob Sie dieses Phänomen kennen: Sie lesen zehn Minuten lang in einem Buch und haben danach keine Ahnung, was drin steht. Oder ein Kollege spricht mit Ihnen und währenddessen denken Sie bereits an etwas völlig anderes. Aufmerksamkeitsstörungen nehmen zu und Sie ahnen bereits, woran das liegen könnte ... Wir sollten an dieser Stelle die Problematik differenziert betrachten und uns die Ergebnisse wissenschaftlicher Untersuchungen genauer ansehen. Wir müssen einerseits die Ist-Situation genau beschreiben und sollten uns andererseits die direkten Auswirkungen auf Menschen und Organisationen ansehen.

ARBEITSUNTERBRECHUNGEN

Schon lange schaffen wir es kaum mehr, uns konzentriert einigen wenigen Tätigkeiten pro Tag zu widmen: Mittlerweile arbeiten Menschen im Schnitt an zwölf unterschiedlichen Themen oder Aufgaben pro Tag. 57 Prozent aller Arbeiten eines Tages werden unterbrochen und teilweise am selben Tag überhaupt nicht mehr weiter bearbeitet. Unterbrechungen führen also zum teilweisen Vergessen von ursprünglichen Intentionen. Ein Großteil unserer Arbeit gilt dabei Aufgaben, die wir selbstverantwortlich erledigen. Der Rest entfällt auf Tätigkeiten, bei denen wir unseren Kollegen „zuarbeiten". Dabei nehmen wir rund 80 Prozent aller Aufgaben, für die wir hauptverantwortlich sind, schließlich am selben Tag wieder auf, aber nur knapp die Hälfte der Aufgaben ohne direkte Verantwortung. Aufmerksamkeit und Verantwortungsgefühl hängen also zusammen.

Im Schnitt arbeiten wir nur mehr elf Minuten ohne Unterbrechung an einer Tätigkeit. In der IT-Branche sind es sogar nur mehr drei Minuten! Die Zeit, die von der Unterbrechung einer bestimmten Tätigkeit bis zur Rückkehr zu dieser vergeht, beträgt im Schnitt 21 Minuten! Dabei zeigt sich auch, dass man in der Zwischenzeit an rund zwei anderen Tätigkeiten weiter arbeitet, die weder mit der ursprünglichen Arbeit noch mit der Ablenkung selbst zu tun haben. Der Durchschnitt von 21 Minuten ergibt sich aus den Unterbrechungszeiten aufgrund von Arbeiten, die sofort wieder aufgenommen werden (also Arbeiten hoher Priorität, die dringend erledigt werden müssen), und jenen, die am selben Tag überhaupt gleich vergessen werden.

Woran könnte es liegen, dass sich unser Arbeitsrhythmus zunehmend unsystematisch, ja wirr gestaltet? Nach jeder Ablenkung muss in unserem Gehirn eine neue Entscheidung getroffen werden: Wir müssen entscheiden, was wir als Nächstes erledigen wollen, an welcher Stelle ein Weiterarbeiten sinnvoll ist. Wenn wir nicht gerade hungrig sind oder andere primäre Bedürfnisse erfüllen müssen, dominiert das Sicherheitsbedürfnis der Spitzmaus die Gedanken und damit unser Verhalten: Uns fällt dann beispielsweise ein, dass wir bis heute 15 Uhr unbedingt noch den Bericht für den Chef fertigstellen müssen und die Projektkollegen dringend bis Freitag die aktuellen Zahlen für den Statusbericht brauchen. Was machen wir in so einer Situation üblicherweise? Ich nenne es „Beruhigungsarbeiten": Wir bearbeiten so lange die jeweilige offene Baustelle, bis unsere Spitzmaus endlich meldet: „Wir haben alles im Griff, es ist noch alles da, wir haben wieder den Überblick und es wird sich wohl noch alles ausgehen." Bearbeitet werden diese Tätigkeiten aber eben nur bis zu unserer Beruhigung (oder bis zur nächsten Ablenkung) und *nicht* bis zu deren Fertigstellung. Auf jede Ablenkung folgt also eine Entscheidung, die vorrangig für die Bearbeitung jener offenen Baustellen ausfallen wird, die für uns die subjektiv größte Belastung (Angst) darstellen. An die ursprüngliche Tätigkeit, die wir einfach vorzeitig beendet haben, wurde in der Zwischenzeit keine einzige Sekunde mehr gedacht. Wir haben sie einfach vergessen. Nicht zu verwechseln ist dieses Phänomen mit dem sogenannten „Prokrastinieren" (auch bekannt als „Studentensyndrom"): dem inneren Drang, die Erledigung einer wichtigen Aufgabe ständig aufzuschieben und – nicht selten – dafür als Ersatzhandlung etwas anderes durchzuführen. Das bedeutet übrigens nicht, dass der Betroffene nur über eine geringe Leistungsfähigkeit verfügt. Beim „aktiven Prokrastinieren" liefern die als „Deadline-Junkies" bekannten Mitarbeiter sehr wohl gute Ergebnisse. Nur eben „auf den letzten Drücker" – und daher oft zum Leidwesen der davon abhängigen Kollegen.

Prinzipiell unterscheiden wir externe und interne Ursachen für Arbeitsunterbrechung. Ursachen für externe Unterbrechungen gibt es viele: klingelnde Telefone, laut sprechende Kollegen und E-Mail-Pop-ups. Bei den internen Ursachen für Arbeitsunterbrechungen unterbrechen wir uns einfach selbst mitten in der Arbeit. Den Grund für diese im Grund kuriose Verhaltensweise vermutet man darin, dass wir uns an die regelmäßigen Unterbrechungen von außen, die im Schnitt alle elf Minuten vorkommen, so gewöhnt haben, dass wir selbst beim Fehlen der tatsächlichen Ablenkung unseren „Erwartungsmodus" aktivieren und den konzentrierten „Bearbeitungsmodus" verlassen. Wir sind unkonzentriert, was dazu führt, dass uns alle unsere „offenen Baustellen" einfallen.

Bei Angestellten sind 50 Prozent aller Arbeitsunterbrechungen durch externe Ursachen erklärbar, bei Managern sind es 60 Prozent. Manager werden also häufiger von außen unterbrochen als Mitarbeiter ohne Führungsfunktion. 53 Prozent der von außen unterbrochenen Tätigkeiten und 48 Prozent durch interne Ablenkung unterbrochenen Tätigkeiten werden am selben Tag fertiggestellt. Wir neigen scheinbar dazu, die internen Ablenkungen nachhaltiger zu vergessen als die externen. Durch äußere Ursachen unterbrochene Arbeiten werden übrigens auch schneller wieder aufgenommen.

Interessanterweise arbeiten Menschen, die unterbrochen werden, nachweislich schneller an den einzelnen Arbeitsschritten weiter. Das klingt attraktiv. Wir dürfen dabei aber nicht vergessen, dass nach jeder Unterbrechung Zeit für die Entscheidungsfindung, Neuorientierung und unmittelbare Arbeitsvorbereitung (Dateien suchen, wieder einlesen …) verloren geht. Um diesen Zeitverlust zu kompensieren, arbeiten wir instinktiv schneller. Dafür bezahlen wir einen hohen Preis: Wir entwickeln Stress. Begleitet wird diese subjektiv empfundene Belastung von Phänomenen wie zunehmender Ungeduld, häufigen Priorisierungsproblemen, einer geringeren Bereitschaft, Pausen einzulegen, stärker empfundenem Zeitdruck und gefühlter Fremdbestimmung

Unterm Strich arbeiten wir pro Arbeitswoche nur zweieinhalb Tage. Den Rest der Zeit verbringen wir mit der Suche nach Informationen im digitalen Dschungel. Und von all den Informationen, die wir gesucht haben, sind nur 50 Prozent für die Fertigstellung unserer eigentlichen Arbeitsprozesse relevant.

Wir scheinen dabei häufig den Fokus zu verlieren, schweifen, wie beim Surfen im Internet, permanent ab und verändern dabei unsere ursprüngliche Intention. Haben Sie sich nicht auch schon einmal dabei ertappt, wie Sie erst am Ende eines Arbeitstags bemerkt haben, dass einige Dokumente auf Ihrem Computer heute bereits bearbeitet wurden, Sie aber zwischendurch völlig vergessen haben, dort auch weiterzumachen?

MULTITASKING: GLEICHZEITIG ODER NACHEINANDER?

„Mehrere Aufgaben exakt zur selben Zeit auszuführen" lautet die Definition von „Multitasking" im engeren Sinn des Wortes. „Multitasking" bedeutet also eigentlich ein paralleles und nicht serielles (nacheinander) Arbeiten. Umgangssprachlich verwenden wir das Wort „Multitasking" allerdings nur in Bezug auf bewusst gesteuerte Aufgaben durch unseren Controller, wie zum Beispiel konzentriert zu sprechen und *gleichzeitig* eine E-Mail zu schreiben. Dieses Kunststück kann niemandem gelingen, sehr wohl aber können viele von uns gleichzeitig Autofahren und telefonieren. Multitasking scheint aus dieser Perspektive also durchaus möglich zu sein.

Wie Sie bereits wissen, erkennt das Spitzmaus-Netzwerk in unserem Gehirn alle Muster, Zusammenhänge und Wahrscheinlichkeiten unseres Alltags und ermöglicht damit eine Automatisierung von Verhaltensprogrammen. So erledigen wir die meisten Alltagsaufgaben unterbewusst und intuitiv. Die Spitzmaus ist ein wahrer Meister des parallelen Arbeitens, denn sie arbeitet – mit ihren 11 Millionen Bit Verarbeitungskapazität – *ausschließlich* im Multitaskingmodus. Das gelingt, wenn es um intellektuell wenig anspruchsvolle und vielfach wiederholte Aufgaben geht: Wir können gleichzeitig reden und gehen, beherrschen beim Radfahren oder Autofahren (meist) komplexe

Bewegungsmuster. Wir speichern also im Laufe unseres Lebens komplexe Kombinationen aus Wahrnehmungen und jeweils passenden Verhaltensreaktionen.

Durch ständige Wiederholung lagern wir die meisten Verhaltensweisen ins Unterbewusstsein aus, wo sie im Automatikmodus ablaufen können. Je breiter die Hirn-Autobahn, desto einfacher das Befahren. Erst wenn es eine neue Herausforderung durch Störung der Routine gibt, werden diese ausgelagerten Programme wieder ins Bewusstsein des Controllers hervorgeholt. Das passiert, wenn etwas plötzlich nicht mehr automatisiert so ablaufen kann wie bisher, wie beispielsweise nach der Einführung eines neuen Computerprogramms in der Firma. Dann müssen unsere Automatikprogramme durch Lernen wieder neu angepasst werden. Mitdenken kann zu Beginn durchaus anstrengend sein.

Sind wir also geborene Multitasker? Ja, sonst wären wir wohl ausgestorben! Alles ständig bewusst wahrzunehmen, bewusst zu entscheiden und bewusst zu steuern, würde definitiv zu einem „Systemabsturz" führen, da die Verarbeitungskapazität unseres Controllers bei nur 40 Bit pro Sekunde liegt. Ich habe Ihnen in Kapitel 1 dieses Problem geschildert und erklärt, dass wir uns unsere Aufmerksamkeit wie den Fokus einer Taschenlampe vorstellen können, die gerade ins Dunkel unserer unbewussten Wahrnehmungen leuchtet. Im Laufe unserer Evolution war offensichtlich nicht die Vergrößerung der Verarbeitungskapazität von Vorteil, sondern die gezielte Fokussierbarkeit relevanter Details. Da unsere Taschenlampe nur *einen* Lichtkegel produzieren kann, liegt es in der Natur der Sache, dass es kein *bewusstes* Multitasking geben kann! Der Versuch, herausfordernde und Konzentration erfordernde Dinge gleichzeitig und bewusst zu tun, ist demnach nichts anderes als ein permanentes Wechseln der Aufmerksamkeit. Wir widmen uns den Dingen also in Wahrheit nacheinander und nicht gleichzeitig. Das bedeutet, dass wir in der Lage sind, neben *einer* herausfordernden bewussten Aufgabe gleichzeitig mehrere *unterbewusste* Aufgaben auszuführen. Mehr noch: Wir wissen heute, dass ein bestimmter Mix aus bewusster und unterbewusster Steuerung messbare Vorteile bringt. Zu telefonieren und gleichzeitig zu gehen bewirkt, genauso wie das bekannte „Kritzeln" während eines Telefonats, eine erhöhte Aufmerksamkeit auf den *bewussten* Teil der Tätigkeit. Wir erinnern uns danach wesentlich besser an die Inhalte. Je weiter die aktivierten Netzwerke inhaltlich voneinander entfernt sind, wie beispielsweise Sprechen und körperliche Bewegung, desto weniger beeinflussen sie einander offenbar.

Angst- und Informationsmultitasking

Es gibt Menschen, die für Multitasking deutlich weniger „anfällig" sind. Sie leben unter denselben Rahmenbedingungen, sind denselben Versuchungen ausgeliefert und können dennoch dem Drang widerstehen, ständig Dinge gleichzeitig machen zu wollen. Beobachtet man diese Menschen genauer, erkennt man, dass sie weniger gestresst sind und sich deutlich besser konzentrieren und entspannen können.

Begeben wir uns nun auf die Suche nach möglichen Motiven, die zum inneren Zwang der Bearbeitung mehrerer Tätigkeiten gleichzeitig führen. „Beruhigungsarbeiten" habe ich in diesem Kapitel jene Arbeitsweise genannt, die uns aufgrund eines Angstimpulses dazu zwingt, ständig unsere „Baustellen" zu besuchen. Wenn wir uns endlich beruhigt haben, springen wir zum nächsten Thema. Wir haben dabei auch gesehen, dass der Auslöser für den Wechsel einer Tätigkeit innere oder äußere Ablenkung sein kann. Sind die Ablenkungen im Umfeld sehr häufig, verschwimmt die begriffliche Grenze zur Arbeitsunterbrechung und wir müssen von Multitasking sprechen. Dieses durch die Sorge um die Bewältigbarkeit der vielen Aufgaben ausgelöste Arbeitsverhalten nenne ich „Angst-Multitasking". Das schlechte Gewissen, das wir haben, wenn wir uns der Aufgabe A widmen und nicht gleichzeitig an den ebenfalls wichtigen Themen B, C und D arbeiten können, ist ebenfalls eine häufig erlebte Begleiterscheinung des „Angst-Multitasking". Abhilfe könnte hier ein Tipp schaffen, der einen Versuch wert ist: Definieren Sie Nicht-Ziele! Wie im professionellen Projektmanagement üblich, entscheiden Sie sich bewusst gegen bestimmte Tätigkeiten oder Ziele und formulieren diese explizit. Versuchen Sie einmal, neben den konkreten Aufgaben, die Sie nach Wichtigkeit und Dringlichkeit sortiert haben, genau zu definieren, was Sie in der nächsten Stunde, heute Vormittag, in dieser Woche nicht machen wollen. Schreiben Sie dann jene Dinge, die getan werden sollen, auf eine grüne Karte und jene, die Sie nicht machen werden, auf eine rote.

Es gibt einen immer auffälliger werdenden Bereich unseres Lebens, der ebenfalls von Multitasking geprägt ist: „Informations-Multitasking" können wir dieses Phänomen nennen, bei dem allerdings nicht Angst, sondern unser Neugiertrieb die Verhaltenssteuerung übernimmt. Auslöser für die Gier nach Neuem gibt es in unserem privaten und beruflichen Alltag genug: Durch die permanente Überflutung mit aufmerksamkeitserregenden Reizen, die meist unsere Frosch- und Spitzmausbedürfnisse ansprechen, sind wir leicht zu verführen. Dabei entsteht der Drang, nichts versäumen zu wollen.

Marketingstrategien haben den Kampf um ein paar Sekunden Aufmerksamkeit der Kunden, Leser und Zuseher optimiert. Die beschleunigende Wirkung auf unser Verhalten und die zunehmende Oberflächlichkeit unserer Wahrnehmungen sollten uns dabei bewusst sein. Wir erleben das trügerische Gefühl von Ungeduld, Langeweile und Leere, wenn es endlich einmal ruhig ist. Vor allem Kinder, aber auch Erwachsene berichten, dass ihnen regelmäßig beim Fernsehen so langweilig wird, dass sie sich parallel mit Computer, Tablet-PC und Smartphone beschäftigen, um ihren permanenten Drang nach Neuigkeiten zu befriedigen. Dem Trend zum „second screen" sind bereits viele gefolgt. Wenn wir nicht eindeutige Hinweise auf den negativen Aspekt dieser Anpassung unseres Gehirns an die Welt der Dauerberieselung hätten, könnte man meinen, dass wir durch die schiere Menge an neuer Information täglich lernen und irgendwann zu einem personifizierten „Wikipedia" werden.

Dabei hat uns vor allem die Nutzung digitaler Informationskanäle wie E-Mails, Messenger-Systeme, SMS, Facebook, Twitter und Co., mit denen wir in Echtzeit und meistens parallel miteinander zu kommunizieren gelernt haben, nachweislich verändert. Mit dramatischen Folgen, wie wir gleich sehen werden.

E-Mail- und Echtzeitkommunikation

E-Mails sind für viele ein „Multifunktionstool": Es wird bei Weitem nicht nur für Kommunikation eingesetzt, sondern dient häufig als To-do-Liste, als Informationsarchiv und als Werkzeug zur Koordination und Delegation von Aufgaben. All-in-one, sozusagen.

Daher ist es nicht verwunderlich, dass die erste Tätigkeit am Tag bei 41 Prozent der Berufstätigen das Checken der E-Mails ist. 62 Prozent überprüfen auch im Urlaub regelmäßig den E-Mail-Eingang und 47 Prozent bearbeiten private Mails während der Arbeit. Dabei kommt es zu einer selbstverständlichen Durchmischung von privaten und beruflichen Themen. Besonders skurril: Rund 10 Prozent der Deutschen geben an, auch schon beim Sex ihre E-Mails gecheckt zu haben! Italienern würde das wohl nicht passieren ...

Was passiert, wenn man vom Eintreffen einer neuen E-Mail abgelenkt wird? Auf 70 Prozent der E-Mails reagieren Mitarbeiter, die konzentriert arbeiten sollten, innerhalb von sechs Sekunden. Sehr spannend finde ich dabei, wie diese Mitarbeiter sich selbst einschätzen: Bei einer Befragung geben sie an, dass sie garantiert nur alle 60 Minuten neue E-Mails lesen. Dass unsere Wahrnehmung nicht objektiv ist, haben wir gewusst, aber diese Einschätzung kommt einer Halluzination schon sehr nahe. Es wird noch unangenehmer: In der IT-Branche wird der digitale Posteingang alle zwei Minuten überprüft! 23 Prozent der gesamten Arbeitszeit verbringen die dort Beschäftigten im Schnitt mit der Bearbeitung von E-Mails.

57 Prozent der E-Mail-Sessions dauern übrigens weniger als 15 Sekunden (!) und nur knapp vier Prozent länger als fünf Minuten. Die absolute Mehrheit der E-Mail-Sessions dient demnach dem Beruhigen und nicht dem Bearbeiten. Im Schnitt wird jede E-Mail dreimal aktiviert: Beim ersten Mal wird gecheckt, wie bedrohlich der Inhalt ist („Beruhigungscheck"). Das zweite Mal checken wir, weil wir die Erkenntnis vom ersten Check vergessen haben („Erinnerungscheck"), und beim dritten Mal wird – endlich – die E-Mail auch bearbeitet.

Die absolute Mehrheit der Mitarbeiter, rund 80 Prozent, lässt das E-Mail-Programm immer im Hintergrund aktiv. 55 Prozent schalten das E-Mail-Programm auch privat nicht aus und haben es beim abendlichen Surfen im Internet aktiviert. Und noch immer haben 49 Prozent der Mitarbeiter die Standardeinstellungen der Programmhersteller aktiviert: den Alarm oder eine Benachrichtigung durch ein akustisches oder optisches Signal beim Eintreffen einer neuen Nachricht. Weitere 15 Prozent schalten es nur manchmal aus und nur 19 Prozent haben diese Funktion in der Computer- und Smartphone-Software deaktiviert.

Wechseln wir einmal die Betrachtungsweise und fragen nicht nach den Auswirkungen des ständigen E-Mail-Overloads, sondern danach, was passieren würde, wenn man nur fünf Tage lang ohne E-Mails arbeiten würde. Verändern sich unser Arbeitsverhalten, unser Drang zum Multitasking und unsere Aufmerksamkeit? Und ändert sich in so kurzer Zeit auch die körperlich messbare Arbeitsbelastung? Die Ergebnisse dieser Studie sind eindeutig ausgefallen: Das Multitasking-Verhalten und die Fragmentierung der Arbeit sind nachweisbar und, wenig überraschend, vom Umgang mit unseren E-Mails abhängig. In den nur fünf Tagen des Untersuchungszeitraums waren weniger Unterbrechungen und längere, konzentrierte Arbeitsphasen messbar. Und das, obwohl E-Mails nur eine der Ursachen für Unterbrechungen und Multitasking sind!

Besonders spannend aber ist der messbare Effekt auf unsere Gesundheit, der in nur fünf Tagen E-Mail-Abstinenz so eigentlich nicht zu erwarten war: Stressanalysen, die ich Ihnen im Kapitel 2 „Stress und innere Widerstandskraft" vorgestellt habe, ergaben trotz des kurzen Beobachtungszeitraums ein signifikantes Absinken des Stresslevels. Eine weitere Beobachtung ist auch erwähnenswert: Die durchschnittliche Herzfrequenz war während der Phase ohne E-Mails *höher*! Das Ergebnis kommt etwas unerwartet, da ein niedrigerer Puls normalerweise Ruhe und Entspannung anzeigt. In diesem Fall konnte man als Ursache eine erhöhte körperliche Aktivität während der Arbeit feststellen. Manche Informationen musste man sich nun persönlich (von den Kollegen) holen und machte dadurch auch immer wieder kurze Pausen abseits des Arbeitsplatzes.

Mehr Bewegung und mehr Pausen, das klingt verdächtig nach gelungener Gesundheitsprävention – zum Preis einer reduzierten Leistung? (Ich kann die Gedanken der Unternehmensverantwortlichen an dieser Stelle förmlich hören.) Nein, es gab *keine* Änderung in der Produktivität: weder zum Negativen noch zum Positiven. Aber die Teilnehmer empfanden diese E-Mail-freien Arbeitstage als entspannter, motivierender und sozialer. Und noch ein Effekt klingt interessant: Während der E-Mail-losen

Zeit zeigten die Teilnehmer klare Tendenzen, sich Informationen selbst zu suchen oder Lösungen selbst herauszufinden, bevor sie zu einem Kollegen gingen, um diesen bei der Arbeit zu unterbrechen und nachzufragen. Es hat also wohl auch etwas mit unserer Bequemlichkeit zu tun, dass wir einfach über E-Mail unsere Kollegen bei einer Problemlösung zu Rate ziehen, bevor wir selber darüber nachdenken. Schnell eine E-Mail zu schreiben, kostet offensichtlich weniger Energie, als den eigenen Controller im Gehirn zu bemühen. Auch so kann man selbstständiges Arbeiten verlernen!

Zeigt man einem Manager das Bild seines Smartphones, während er in einem Hirnscanner liegt, wird ein Hirnareal aktiv, das für Belohnung zuständig ist. Zeigt man einem übergewichtigen Menschen eine leckere Süßspeise oder einem Drogensüchtigen seine Spritze, so ist dasselbe Hirnareal aktiv. Wir sind „angefixt" und süchtig, könnte man zu Recht behaupten. Auch immer mehr Smartphone-Benutzer glauben gespürt zu haben, dass ihr Gerät gerade vibriert hat, auch wenn das gar nicht der Fall ist. Sie versuchen dann, das Gerät rasch aus der Hosentasche zu befreien (beziehungsweise bei Frauen aus der Handtasche), nur um dann festzustellen, dass in Wahrheit weder Anruf noch E-Mail registriert wurde. Solche Fehlwahrnehmungen nehmen, wohl aufgrund einer Gewöhnung an die regelmäßigen Unterbrechungen, zu. Wir erwarten förmlich den nächsten Anruf, die nächste E-Mail oder SMS. Warum so viele Männer am Pissoir reflexartig klingelnde Smartphones bedienen *während* sie urinieren, wird dadurch wohl verständlicher. Das Telefon dabei einfach läuten zu lassen, schaffen viele nicht mehr. Nichts ist auffälliger als diese Selbstvergessenheit im Umgang mit unseren Smartphones und Tabletcomputern. „Es tut mir leid, ich kann gerade nicht", gepresst und extrem leise vorgetragen, ist wohl die unnötigste aller Antworten. Dafür gibt es eine Mailbox!

AUSWIRKUNGEN VON PERMANENTER ABLENKUNG UND CHRONISCHEM MULTITASKING

Wir haben gesehen, dass wir im Multitaskingmodus von einer Tätigkeit zur nächsten „springen". Innerhalb einer Minute wechseln wir manchmal mehrmals die Aufmerksamkeit, was dazu führt, dass wir vermehrt Energie investieren müssen. Daher verwundert es auch nicht, dass man davon ausgeht, dass eine Stunde Arbeit in diesem Modus nur 20 Minuten konzentrierter Arbeitszeit entspricht. Wir verlieren also über 60 Prozent unserer Leistungsfähigkeit, die für die Steuerung des ständigen Aufgabenwechsels aufgewendet werden muss und für eine erhöhte Fehleranfälligkeit sorgt.

Wenn wir versuchen, mehrere Aufgaben gleichzeitig zu erledigen, sind die Auswirkungen auf unsere Leistungsfähigkeit sehr auffällig. Zwei Beispiele möchte ich Ihnen dazu gerne schildern, die sehr schön das Ausmaß der Beeinträchtigung unseres Controllers aufzeigen:

Ein Vergleich zwischen zwei Autofahrergruppen, von denen die eine telefonierte und die andere 0,8 Promille Alkohol im Blut hatte, ergab in einem Fahrsimulator-Test Bemerkenswertes: Verglichen mit den telefonierenden Fahrern schnitten Alkoholisierte im Fahrsimulator-Test auffällig besser ab. Leicht angetrunken produziert man deutlich weniger Unfälle, beschleunigt effizienter und bremst stärker als beim „Multitasken"! Das bedeutet natürlich nicht, dass Alkohol am Steuer eine Empfehlung ist, sondern zeigt vielmehr auf, wie massiv die Auswirkungen des Telefonierens beim Autofahren sind. Es gibt übrigens keinen signifikanten Unterschied in der Fahrsicherheit zwischen dem Telefonieren mit oder ohne Fernsprecheinrichtung. Ein Freund hat mir einmal gestanden, dass er auf der 300 Kilometer langen Fahrt von Salzburg nach Wien alle seine E-Mails abgearbeitet hat. Als Fahrer, wohlgemerkt. Seine Rechtfertigung war bemerkenswert: „Dafür habe ich ein Auto mit automatischer Distanzkontrolle." Danke liebe Automobilhersteller!

Auch beeindruckend, aber ebenfalls keine Empfehlung fürs Büro: Mitarbeiter, die eine Aufgabe erledigen und sich dabei gleichzeitig ihren E-Mails widmen, bringen eine schlechtere Leistung als Mitarbeiter, die Marihuana konsumiert haben. Die sind nicht nur besser „drauf", sondern machen auch weniger Fehler.

Gesundheits- und Leistungsprobleme

Gewöhnen wir uns nachhaltig an permanente Ablenkungen und Unterbrechungen und betreiben dabei *ständig* Multitasking, um die Fülle an Aufgaben zu erfüllen, so treten unangenehmen Veränderungen auf. Im Folgenden habe ich aktuelle Erkenntnisse zusammengefasst, die unterstreichen, warum wir diesem Problem dringend begegnen müssen, um hirngerecht zu arbeiten:

1. Unsere Fähigkeit, uns länger und konzentriert mit einer Aufgabe zu beschäftigen, wird deutlich kleiner. Während generelle Aufmerksamkeitsdefizite zunehmen, nimmt die Konzentrationsfähigkeit ab. Der Zusammenhang von Multitasking und Stress dürfte dazu hinreichend Erklärungen liefern.

2. Wenn unsere Konzentrationsfähigkeit sinkt, können wir uns immer schlechter entspannen, da ein wesentliches Merkmal von Entspannung die Konzentration auf nur *eine* Tätigkeit ist: „Single-Tasking" und nicht „Zero-Tasking" (nichts tun) ist das Gegenteil von Multitasking!

3. Die Gedächtnisleistung nimmt ebenfalls deutlich ab. Wir vergessen vieles und können uns an so manches Gespräch nicht mehr erinnern. Im Stress leidet eben auch die Erinnerungsfähigkeit. Differenzierter betrachtet wissen wir heute, dass wir neue Informationen unterschiedlich aufnehmen und daher auch ganz unterschiedlich lernen. Einmal verstehen wir die Inhalte, können sie als gelerntes Wissen zum Mitdenken und für kreative und kritische Denkprozesse nutzen, ein anderes Mal haben wir lediglich Bewegungs-

muster oder Abläufe gelernt. Wenn wir unkonzentriert sind, uns also weniger als 40 Bit Prozessorleistung im Arbeitsspeicher für eine Aufgabe zur Verfügung stehen, ist Zweiteres der Fall: Wir können Gesehenes und Gehörtes nur mehr aus dem sogenannten „Striatum" öffnen. Das ist ein entwicklungsgeschichtlich altes Speichermodul unseres Spitzmausgehirns, das trotz Ablenkung und Multitasking funktioniert und Informationen kontextabhängig speichert und verwaltet. Im Striatum haben Sie beispielsweise Ihren Bankomatcode abgespeichert, der Ihnen dann besonders leicht wieder einfällt, *während* Sie vor dem Tastenfeld des Geräts stehen. Hier abgelegte Lerninhalte können also nicht flexibel und unabhängig von den Rahmenbedingungen als Wissen genutzt werden.

4. Durch den erhöhten Erregungslevel bleiben wir ständig im „Erwartungsmodus". Der erholsame „Offlinemodus" kann daher nicht aktiviert werden und wir wechseln nur mehr zwischen „Bearbeitungs-" und „Erwartungsmodus" hin und her. Dadurch benötigen wir wesentlich länger, um uns zu erholen.

5. Sogar psychische Erkrankungen, wie beispielsweise Depressionen und Demenzerkrankungen, werden heute im Zusammenhang mit chronischem Multitasking gesehen.

6. Durch die häufige Aktivierung des „Erwartungsmodus" verteilen wir ständig unsere Aufmerksamkeit, wodurch die Sensibilität für ablenkende Reize steigt. Wir werden dadurch immer leichter ablenkbar: ein Teufelskreis. Äußere Ablenkungen können schlechter ignoriert und ablenkende Gedanken schlechter ausgeblendet werden.

7. Gezielt Aufgaben zu wechseln, gelingt schlechter. Die Unterdrückung irrelevanter Aufgaben misslingt häufig.

8. Wir verlernen, Wichtiges von Unwichtigem zu unterscheiden. Wir empfinden plötzlich alles als hoch prioritär, kön-

nen emotional nicht mehr differenzieren und das Gefühl der Nicht-Bewältigbarkeit steigt. Neu erlernte Zeit- und Selbstmanagementtechniken, die auf Priorisierung abzielen, funktionieren unter Stress und Belastung nicht! Diese Techniken müssten vorher, in Ruhe und ohne Stress, gelernt und durch häufiges Wiederholen automatisiert worden sein.

9. Ungeduld und Hektik nehmen zu. Dadurch versuchen wir ständig, uns selbst und unsere technischen Werkzeuge zu optimieren. Dieser Prozess wiederum beschleunigt und verdichtet unser Leben weiter und ein weiterer Teufelskreis beginnt: Der Computer soll schneller starten, das Flugzeug pünktlich landen, die Kassiererin im Supermarkt möglichst schnell alles über den Scanner ziehen und der Kollege im Gespräch möglichst schnell zum Punkt kommen. Unsere Zeitwahrnehmung verändert sich. Das Morgen wird immer wichtiger, das Heute uninteressant. Wir empfinden uns immer einen Schritt hinterher. Alles fliegt.

10. Auch die Informationssuche verändert sich: Wahlloses „Herumklicken" im Internet dominiert vor planvoller Suche.

11. Wir werden oberflächlicher: Ohne es zu bemerken, lesen wir Bücher oder Zeitungsartikel kaum noch ganz fertig, schauen einen Film nicht mehr bis zum Ende an oder hören Menschen nicht wirklich genau zu. Vieles, was nicht mehr wahrgenommen wird, ergänzen wir in unserem Gehirn durch Vorurteile und Gewohnheiten und bemerken dabei nicht die auffälligsten Folgen: geringere Wertschätzung gegenüber anderen und ein erhöhtes Konfliktpotenzial.

12. Je intensiver wir Multitasking betreiben, desto länger dauert es, bis eine einzelne Aufgabe zu Ende gebracht wird. Anders als nach Unterbrechungen, bei denen wir anschließend schneller weiterarbeiten, um die verlorene Zeit wieder aufzuholen, werden wir bei dieser Arbeitsweise definitiv langsamer. Der subjektive Eindruck ist allerdings leider genau

umgekehrt. Die Gründe dafür haben wir bereits kennengelernt: die Trägheit unseres Controllers, der nur den Spot der Taschenlampe, nicht aber deren Bewegung registriert.

13. Im Extremfall verlieren wir die Fähigkeit, unsere Gedanken bewusst zu kontrollieren. Unser Controller kann nicht mehr effizient kontrollieren, wodurch die eigene Willenskraft sinkt. Die Flexibilität, bestimmte Impulse, vor allem aggressive Froschimpulse, aufzuschieben oder zu unterdrücken, fällt immer schwerer. Kognitive Kontrolle, wie dieser Prozess von Psychologen genannt wird, misslingt dadurch immer häufiger.

14. Multitasking bedeutet aber auch steigende Intransparenz in den persönlichen Arbeitsprozessen: Durch die zunehmende Fragmentierung der Arbeit können wir nicht mehr zeitnah sehen, wofür wir uns angestrengt haben. Der Fortschritt ist für uns dann häufig nicht mehr bemerkbar, wodurch wir Motivation und unsere Lust an der eigenen Leistung verlieren. Das Gefühl für den Sinn in der Aufgabe selbst schwindet.

Warum es vielen nur schwer gelingt, sich von der täglichen Flut an Informationen und E-Mails zu emanzipieren und in bestimmten beruflichen Situationen oder im Privatleben bewusst nicht darauf zurückzugreifen, möchte ich Ihnen anhand eines Beispiels schildern:

Sie sind Führungskraft und senden, weil es für Sie sehr wichtig und dringend ist, am Sonntag um 23:41 Uhr eine E-Mail an Harald, damit er es gleich am Montag früh liest. Harald, Ihr wichtigster Mitarbeiter und zu diesem Zeitpunkt gerade in seinem Schlafzimmer im Pyjama unterwegs, ist entspannt und gut drauf. Seine Angewohnheit ist es, vor dem Schlafengehen noch einmal seine E-Mails zu checken. Er findet Ihre E-Mail und liest Ihre Bitte: „Kannst du mir bitte bis Montag um 11:00 die aktuellen Verkaufszahlen zusenden. Schaffst du das? Das wäre wunderbar und es tut mir leid, dass ich erst jetzt darum bitte! Ich habe es am Freitag nicht mehr geschafft ..."

Harald hat die Zahlen parat und sendet sie Ihnen, direkt aus seinem Schlafzimmer, zu. „Was erledigt ist, ist erledigt", denkt er sich und hat damit nicht unrecht. Ihr Mitarbeiter hat Ihnen diese wichtige Information gleich zugesendet und Sie haben dadurch Zeit für Ihre Vorbereitung gewonnen. Sie sind erleichtert! Wie würden die meisten Chefs in dieser Situation wohl reagieren? Erstens vergisst man schnell seinen ursprünglichen Appell an alle Mitarbeiter, am Wochenende abzuschalten und nicht zu arbeiten, und begeht, zweitens, meistens den Kardinalfehler: Man bedankt sich überschwänglich: „Super und ganz, ganz herzlichen Dank, dass du mir so schnell geholfen hast! Du hast etwas gut!" Ein persönliches Lob aufgrund einer E-Mail ist etwas, das in der Arbeitszeit selten vorkommt. Es ist etwas Ungewöhnliches und signalisiert Wertschätzung und Bindung. Haralds Spitzmausgehirn reagiert mit der Produktion eines Hormoncocktails, der aus Oxytocin und Dopamin besteht. Ihr Mitarbeiter hat nun gelernt: Willst du Zuneigung, check deine E-Mails am Sonntag!

Viele Mitarbeiter sind darüber verärgert, dass sie während ihres Urlaubs E-Mails mit Fragen von Kollegen bekommen, obwohl ihr E-Mail-Programm eine automatische Antwort generiert, die häufig so lautet: *Ich bin bis einschließlich 15. Februar auf Urlaub. In dringenden Fällen wenden Sie sich bitte an meine Kollegin, Frau Müller, unter ...*" Nicht selten kommt nach kurzer Zeit gleich noch eine E-Mail, weil die Kollegen Frau Müllers Expertise nicht vertrauen und ungeduldig sind. Und dann schreibt man irgendwann zurück, denn es wird wohl dringend sein.

Ich pflege die Mitarbeiter, die sich in meinen Trainings darüber beschweren, immer zu fragen, ob es sein kann, dass man in so einem Fall irgendwann einmal geantwortet hat, obwohl der Autoresponder eingeschaltet war? „Ja, natürlich", ist die häufigste Antwort. Was glauben Sie nun, lernt die Spitzmaus Ihres

Kollegen? Einen einfachen Zusammenhang: Wenn der Autoresponder Ihres E-Mail-Programms aktiviert ist, bedeutet das, dass die E-Mails von Ihnen trotzdem gelesen werden! Und wenn man hartnäckig genug ist, bekommt man auch eine Antwort. Und was passiert langfristig? Man bekommt immer mehr E-Mails im Urlaub. Daher checkt man auch immer häufiger den Posteingang, obwohl man sich eigentlich erholen sollte. Wir erzeugen so durch unsere Verhaltensmuster Erwartungshaltungen.

Gerade auf Mitarbeiterebene darf es nicht sein, dass ein wichtiger Arbeitsschritt durch die Abwesenheit einer Person nicht durchgeführt werden kann. Oft höre ich auch, dass der Vorgesetzte die *permanente* Erreichbarkeit wünscht. Ich habe diese konkrete Frage bestimmt hundert Mal Vorgesetzten gestellt und wollte wissen, ob das stimmt: Noch nie habe ich ein Ja zu hören bekommen. Bei Managern untereinander – vor allem in den obersten Führungsetagen – sieht die Sache anders aus. Hier kann es durchaus Sinn machen, dass man im akuten Anlassfall erreichbar ist. Aber auch hier gilt, was aus den genannten Beispielen ableitbar sein sollte: entweder – oder: Entweder bin ich erreichbar oder eben nicht. Hier lautet eine gut funktionierende Spielregel: Einmal am Tag werden die E-Mails überprüft und im Notfall wird eine SMS gesendet. Die automatische Nachricht könnte dabei lauten: *„Ich habe bis 15. Februar nur eingeschränkten Zugang zu meinen E-Mails. Daher kann meine Antwort etwas länger dauern. In sehr dringenden Fällen bitte ich um eine SMS an die Nummer ..."*

Systemische Auswirkungen von Multitasking innerhalb der Organisation

Die Ergebnisse beruflicher Arbeit sind hauptsächlich das Resultat kollektiver Anstrengung und nicht rein individueller Tätigkeit. Projekt- und Teamarbeit dominieren den Alltag großer

Organisationen. Ohne ständige Optimierung firmeninterner Prozesse und deren globaler Vernetzung wäre der Wettlauf um Marktanteile im Verdrängungskampf wohl nicht zu gewinnen. Multitasking spielt dabei eine entscheidende – und gewinnbringende – Rolle. Die genannten Probleme, die durch Multitasking beim Einzelnen entstehen, verstärken sich und breiten sich als systemisches Problem innerhalb der Organisation aus.

Die durch Multitasking und ständige Unterbrechungen fragmentierte und verlangsamte Arbeitsweise eines Mitarbeiters sorgt wegen der wechselseitigen Abhängigkeiten in den arbeitsteiligen Prozessen für Verzögerungen bei den nächsten Arbeitsschritten. Die betroffenen Kollegen, die dadurch ihre eigene Arbeit nicht fertigstellen können, haben zumindest zwei Optionen: ohne diesen Beitrag weiterzuarbeiten, andere Teilbereiche dieser Arbeit zu bearbeiten und zu akzeptieren, dass die eigenen Ziele trotzdem nicht erreichbar sind. Option zwei wäre es, mit einer anderen, davon unabhängigen Tätigkeit fortzufahren, die aber entsprechend der Prioritätenliste nicht an der Reihe wäre. Dafür wäre diese Arbeit zumindest theoretisch abschließbar und das Gefühl der Fremdbestimmung dadurch wohl etwas geringer ausgeprägt. In beiden Fällen werden der Fokus und die Qualität der Arbeit negativ beeinflusst, wovon alle abhängigen Kollegen, Abteilungen und Bereiche betroffen sind.

Es gibt Schätzungen, die von einem Netto-Effizienzverlust von über 50 Prozent für eine Organisation ausgehen. Eine genaue Quantifizierung der Ineffizienz durch Multitasking und Arbeitsunterbrechungen ist schwierig, in jedem Fall scheint aber klar zu sein, dass es signifikante innere „Reibungsverluste" zu geben scheint.

Zusätzlich dürfen wir nicht vergessen, dass wir aufgrund der durch Multitasking veränderten Wahrnehmung den Fokus nach innen zu richten beginnen. Mit steigender Aggression und Frustration sind dann auch gleich Feindbilder und Schuldige innerhalb der Organisation gefunden. Darüber wird man sich beim Bürokaffee schnell einig, und so verwundert es nicht, dass sich Lagerdenken, ausgeprägte Jammerkultur und Zynismus entwickeln. „Wir gegen die anderen" oder „wir gegen das Management" lauten häufig die Parolen. Statt zusammen gegen Mitbewerber am Markt zu „kämpfen", statt sich damit zu beschäftigen, was der Einzelne, die Abteilungen und Unternehmensbereiche dazu beitragen könnten, um besser und effizienter zu werden, beschäftigt man sich mit sich selbst. Dadurch entsteht verständlicherweise das Gefühl der Ohnmacht, denn zu gewinnen gibt es mit dieser Strategie wohl nichts.

BIETET MULTITASKING VORTEILE?

Sie werden jetzt vielleicht überrascht sein, aber ich bin davon überzeugt, dass Multitasking auch Vorteile hat. Ein prinzipieller Vorteil ist, dass wir kritische Informationen wesentlich schneller senden und empfangen können. Wir werden durch Multitasking zwar oberflächlicher und ungenauer, lernen dabei aber, schnell wesentliche (bedrohliche) Informationen zu filtern. Die Organisation, als Gesamtsystem betrachtet, bekommt so schneller Feedback von den Subsystemen zu kritischen Themen. Die Rückkoppelung vom Ausführenden zurück zur Entscheidungsinstanz funktioniert dadurch schneller. Wichtige Entscheidungen können früher getroffen und unnötige Energieinvestitionen vermieden werden.

Ich sehe auch deutliche Vorteile des Multitaskings im Management: Wenn die Durchführung der einzelnen Aufgabe weniger wichtig wird als der Überblick, ist der Multitaskingmodus von Vorteil. Es geht nicht um das Detail, sondern um die Steuerung der gesamten Organisation.

Eine Analogie findet man auch in der Tierwelt, in der Entwicklung zu immer komplexeren Organismen. Hier gibt es die typischen Strukturmerkmale: ein Gehirn mit Integrations-, Überblicks- und Exekutivfunktion, Sensoren für die Wahrnehmung der Außen- und Innenwelt, spezialisierte Organsysteme und eine interne und externe Kommunikation. Der „Durchbruch" in der Entwicklung zu komplexeren Tieren, damit auch der entscheidende Vorteil im Überlebenskampf, war eine schneller und parallel ablaufende Informationsübermittlung und -koordination interner Prozesse.

In unserem Körper weiß quasi jede Zelle, was die andere gerade macht und wie es ihr dabei geht. Und diese Zelle macht davon ihr eigenes Verhalten abhängig. Durch Strom, chemische Botenstoffe und durch Gase (und damit meine ich die, die *im* Körper bleiben) laufen permanent interne Rückkoppelungen, die zur Stabilisierung (Homöostase) des Gesamtsystems führen. Dadurch können wir uns schnell und im Rahmen der organischen Möglichkeiten neuen Anforderungen anpassen. Reicht der Rahmen nicht aus, so kommt es sogar zu langfristigen Veränderungen der Organ- und Regulationssysteme. Auch unser Verhalten und unsere Gene sind, wie wir heute wissen, eng miteinander verbunden und beeinflussen sich wechselseitig. Alles läuft parallel und in Echtzeit ab. Multitasking scheint ein Naturgesetz zu sein. Aber wir sind mehr als die Summe unserer Einzelteile: Die hoch effiziente Vernetzung hat eine neue Qualität bewirkt.

Lernen wir, hirngerecht mit unseren biologischen Einschränkungen umzugehen, bin ich optimistisch, dass wir die Vorteile auch spüren werden.

ZUSAMMENFASSUNG

Die Digitalisierung der Arbeitswelt ist für viele Menschen ein Segen. Undenkbar, dass wir noch vor wenigen Jahren zur Informationssuche und -übermittlung Stunden und Tage benötigt haben. Wir sind durch die technischen Innovationen der letzten Jahrzehnte schneller geworden. Die Flut leicht verfügbarer Informationen, die uns aus allen möglichen Geräten entgegenschwappt, entspricht im Wesentlichen der Informationsflut, der unsere Vorfahren in Savanne oder Urwald ausgesetzt waren. Jeder kann sich die Situation vorstellen: Nach zwei Tagen im Regenwald würden wir alle das Rascheln, Zwitschern und Kreischen kaum mehr wahrnehmen. Der Grund ist unser effizienter Aufmerksamkeitsfilter, der alle Geräusche, die als nicht lebensbedrohlich erkannt und bewertet wurden, ausblendet. Unsere Aufmerksamkeit würde dann nur mehr von einem plötzlichen lauten Knacksen erregt werden und unsere „Taschenlampe" (Aufmerksamkeit) in Sekundenbruchteilen umleiten. Der Aufmerksamkeitsfilter funktioniert daher nach dem Prinzip eines gelernten Vorurteils: Er erkennt immer wiederkehrende Muster und verbindet sie mit einer subjektiven Bewertung. Dieser Filter hemmt effizient unseren Angst- und Neugierimpuls, der unsere Taschenlampe steuert. Ein wildes „Herumleuchten" würde uns zu stark ermüden und unsere Sicherheit gefährden. Und gerade dieser Filter funktioniert im Büro nicht: Immer wiederkehrende Muster können kaum erkannt werden, alles lenkt uns ab und erregt unsere Aufmerksamkeit. Der Neugiertrieb ist ständig aktiv, er macht uns ungeduldig und oberflächlicher.

Kapitel 5
Hirngerechte Mitarbeiterführung

Arbeiten, insbesondere in Führungsfunktionen, bedeutet heute mehr denn je ein „Funktionieren im permanenten Multitaskingmodus". Das mag vielleicht attraktiv klingen und zur Hoffnung veranlassen, dass wir dadurch nachhaltig und effizient Höchstleistungen erbringen. Aktuelle Untersuchungsergebnisse und meine jahrelangen Beobachtungen zeigen allerdings ein ganz anderes Bild. Gerade aufgrund von Fragmentierung und „Vergleichzeitigung" unserer Arbeitsprozesse werden negative Auswirkungen auf unsere Leistung und auf unsere Gesundheit immer deutlicher sichtbar. Unser Gehirn hat sich bereits an die neuen Herausforderungen angepasst und das zeigt Wirkung: Zunehmend leiden wir unter Ungeduld, Konzentrationsproblemen und der Unfähigkeit, geistig „offline" zu schalten. Führungskräfte kämpfen mit den gesundheitlichen Folgen permanenter Erreichbarkeit und sollten sich daher der Ursachen und Konsequenzen ständiger Ablenkung und Unterbrechung bewusst werden. Im Multitaskingmodus ist es aufgrund der veränderten Wahrnehmung fast unmöglich, andere Menschen durch individuelles Fordern zu fördern, gleichzeitig aber auch zu beruhigen und zu motivieren. Individuelle Überforderung und kollektive Demotivation können direkte Folgen eines solchen „ungesunden" Führungsstils sein.

Dieser Führungsstil, der stark von einer Erfolgskultur geprägt ist, konzentriert sich nur auf den Erfolg des Systems. Dabei wird, anders als in einer gesunden Leistungskultur, auf die tägliche Anstrengung des Einzelnen fast vergessen. Anstatt den Druck auszugleichen und „abzufedern", geben Führungskräfte diesen ungefiltert weiter; Mitarbeiter werden angetrieben, anstatt sie zu beruhigen und zu entwickeln. Gerade in solchen Situationen werden die Konsequenzen unseres biologischen Erbes offensichtlich und der „hirngerechte" und gesunde Umgang mit den gegebenen Rahmenbedingungen erweist sich als entscheidend für Erfolg oder Misserfolg in der Führung.

Wie erwähnt entsteht unsere Bereitschaft zur Energieinvestition (Motivation) immer dann automatisch, wenn wir von der Sinnhaftigkeit einer Tätigkeit überzeugt sind und auch zeitnah den Fortschritt unserer Anstrengung erkennen können. Unser Gedächtnis spielt dabei eine entscheidende Rolle: Haben wir gestern unsere Anstrengungen nicht als erfolgreich (und damit als sinnvoll) empfunden, neigen wir heute dazu, negativ darüber zu sprechen, und „überschreiben" damit die Erinnerungen mit immer negativerer Emotion. Wir beginnen, Dinge zu dramatisieren. Negatives (Bedrohliches) wird betont, Positives bleibt hingegen unerwähnt. Solches Verhalten betrifft Führungskräfte und Mitarbeiter gleichermaßen, die einander damit anstecken und einen fatalen Prozess in Gang setzen: Unser Belohnungssystem interpretiert Arbeit plötzlich als nicht mehr lohnenswert und empfindet sie nur mehr als anstrengend. Der Sinn der Arbeit wird emotional nicht mehr „verstanden". Jammerkultur, Zynismus, Motivationsprobleme (und dadurch Überlastungssymptome wie Burnout) nehmen dabei nachweislich zu.

Ich habe bereits geschildert, dass wir als Herdentiere auf ein „Wir gegen andere" programmiert sind und uns stets ein gemeinsames Feindbild suchen. Gibt es ein klares gemeinsames Ziel außerhalb der Herde, so wird es zu enger Kooperation kommen; gibt es dieses Ziel nicht mehr, wird es zu oft gewechselt oder nicht klar vertreten, so entsteht Konkurrenz innerhalb des eigenen Systems. Und plötzlich glauben Gruppen, Abteilungen und ganze Bereiche, ganz genau zu wissen, wer schuld daran ist, dass es nicht gut läuft. Eine kollektive Opferrolle fördert nachweislich Überlastung, sowohl auf individueller als auch auf systemischer Ebene. Denn es ist nicht die Menge an Arbeit, sondern das Gefühl der Fremdbestimmung, das uns demotiviert und im schlimmsten Fall auch krank machen kann. Und es sind vornehmlich jene Mitarbeiter und Kollegen von Demotivation oder Überlastungserkrankungen betroffen, die aufgrund ihrer

Persönlichkeit oder privaten Rahmenbedingungen besonders empfindlich sind. Ich möchte das Thema „Führen und geführt werden" aus naturwissenschaftlicher Sicht beleuchten, um dadurch ein paar biologische Rahmenbedingungen und deren Konsequenzen aufzuzeigen, die sich durch die Evolution bis zu uns sozialen Säugetieren ergeben haben.

EVOLUTION DER FÜHRUNG

Die Strategie der Evolution zeigt eine klare Entwicklung von egoistischen Einzellern zu nicht minder egoistischen Zellverbänden (Vielzeller), bei denen sich die erfolgreichste Form des Zusammenlebens durch Spezialisierung und Arbeitsteilung der Zellen ergeben hat. Die ersten Zellverbände mussten dabei eines rasch lernen: ihr aggressives Überlebensprogramm zu kontrollieren, das darin bestand, grundsätzlich alles Fremde zu bekämpfen. Darüber hinaus stieg mit der Anzahl der Zellen eines Organismus auch der Bedarf an Koordination und Kommunikation. Dabei gab es keine „Chef-Zelle", die diese Aufgabe hätte lösen können: Es scheint vielmehr die Wechselwirkung, also die Kooperation einzelner spezialisierter Zellen, gewesen zu sein, die das Funktionieren eines vielzelligen Organismus erfolgreich gemacht hat.

Optimiert wurden dabei nicht nur die Fähigkeiten der einzelnen Zelltypen, sondern vor allem die Fähigkeit der Zellgemeinschaften *zur wechselseitigen Rückkoppelung*: Eine einzelne Zelle bekommt Rückmeldung über die Auswirkung ihres Tuns auf den Gesamtorganismus und wird dadurch in ihrer Aktivität rückkoppelnd reguliert. Sie weiß sozusagen, ob ihr Beitrag noch im Sinne des gemeinsamen Ziels ist. Der optimale Zustand des Organismus, die sogenannte Homöostase, ergibt sich durch Anpassung der Regelkreise an die wechselnden Anforderungen der

Umgebung. Durch dieses Prinzip konnte auf Hierarchien und den damit verbundenen Nachteil (die Abhängigkeit vieler Zellen vom Funktionieren einiger weniger) verzichtet werden. Die zwei wichtigsten Prinzipien des gemeinsamen Handelns auf zellulärer Ebene sind demnach *Spezialisierung* und *Rückkoppelung*.

Aus vielzelligen Einzelkämpfern entstanden schließlich die ersten Kolonien und anonymen Verbände vom Typ „Fischschwarm". Die Strategie der ersten Gemeinschaften vielzelliger Lebewesen folgte demselben Prinzip, das auch bei der Entstehung vielzelliger Organismen erfolgreich war und das einen weiteren offensichtlichen Vorteil hatte: Auf der einen Seite sinkt die Gefahr für den Einzelnen, gefressen zu werden, in der Masse dramatisch. Auf der anderen Seite steigt die Wahrscheinlichkeit zur erfolgreichen Fortpflanzung beträchtlich. Betrachten wir das Schwarmverhalten genauer, erkennen wir zwei weitere Prinzipien gemeinsamen Handelns: *Zusammenhalt* und *Distanzkontrolle*. Fische „messen" permanent den Abstand zum Nachbarn und wollen diesen einhalten. Schwimmt der Nachbar auffällig hektisch in eine Richtung, wird sofort nachgeschwommen; kommt der Nächste zu nahe, wird die automatische Distanzkontrolle wirksam – und zwar die des ganzen Schwarms. In einem Schwarm gibt es keinen erkennbaren „Chef". Anführer ist kurzfristig jener Fisch, der sich gerade bedroht fühlt und sichtbar für die direkten Nachbarn seine Richtung ändert, die sich dann wellenartig in dem ganzen Schwarm fortsetzt. Bei Fischen entscheidet das Verhalten eines einzigen Tieres über eine Änderung des Schwarmverhaltens; bei Vögeln – wie beispielsweise Tauben – ist das Verhalten von bis zu sieben Schwarmmitgliedern entscheidend. Situationsabhängig steuert dieses Überlebensprogramm auch nach wie vor uns Menschen: Massenphänomene, wie sie immer wieder bei Großveranstaltungen sichtbar werden, sind dadurch gut erklärbar.

Eine Besonderheit komplexerer Lebensformen ist die Ausbildung klarer Hierarchien innerhalb einer arbeitsteiligen Gemeinschaft. Stabile Hierarchien innerhalb einer Gruppe von Lebewesen sind in zwei Varianten sozialer Gemeinschaften entstanden: Bei einem Typ werden Rang und Privilegien stabil genetisch vererbt (soziale Insekten wie Bienen und Ameisen gehören dazu), beim anderen Typ werden diese Vorrechte durch Streit und Prügelei ständig neu erkämpft. Unsere Form entspricht definitiv der dynamischen „Prügelvariante":

Zu jenem Zeitpunkt, als unsere direkten Säugetier-Vorfahren organisierte Herden bildeten, um das chaotische Treiben anonymer Verbände zielgerichteter zu gestalten, differenzierten sich zwei Rollen innerhalb der Gruppe: Anführer und Geführter. Soziale Gemeinschaften hatten ein Rückkoppelungsproblem, das auf zellulärer Ebene noch sehr simpel durch direkte chemische, elektrische oder gasförmige Feedbackschleifen gelöst werden konnte. Für soziale Lebewesen hingegen, die nun untereinander in Wechselwirkung treten mussten, war ein grundsätzliches Problem zu lösen: Einzelne Gruppenmitglieder mussten reagieren und agieren, obwohl sie sich selbst eigentlich gerade im Gleichgewichtszustand befanden und keinen persönlichen und unmittelbaren Anlass zur Energieinvestitionen hatten. Im Sinne der Gemeinschaft zu handeln, bedeutete also in gewissem Sinne, primär „gegen die eigene Biologie" agieren zu können und Energie für den *gemeinsamen langfristigen* Vorteil zu investieren. Dazu bedurfte es grundlegender Umstellungen in der Verhaltensregulation des Einzelnen: Der individuelle Gleichgewichtszustand, quasi die Zufriedenheit des Einzelnen, musste durch kollektive Unruhe und Unzufriedenheit anderer Gruppenmitglieder gestört werden können und möglichst rasch zu einer Verhaltensanpassung im Sinne der Gemeinschaft führen.

Damit eine Gemeinschaft von Säugetieren überleben konnte, gab es also Bedarf an Arbeits- und Aufgabenteilung. Darüber hinaus musste koordiniert und kommuniziert werden, damit Chaos verhindert und eine gewisse Stabilität hergestellt werden konnte. Es musste aber auch allgemein akzeptiert werden, wem welche Aufgabe zugewiesen wurde und wer das bunte Treiben koordinierte. Über- und Unterordnung, Anführer und Geführter, Rangordnung und Privilegien sind die Konsequenzen der Herausforderungen, denen sich unsere Vorfahren stellen mussten.

Die neu entwickelten Eigenschaften unseres „Spitzmausgehirns" waren dazu die notwendigen Voraussetzungen:

1. Alle Gruppenmitglieder mussten wiedererkannt werden können: Dazu war ein (Langzeit-)*Gedächtnis* notwendig.

2. Freund und Feind innerhalb und außerhalb der Gruppe mussten genau unterschieden werden können: Die *Bindungsfähigkeit* lässt uns empfinden, wer im Ernstfall auf unserer Seite kämpfen würde.

3. In der Gruppe mussten wir *Empathie* entwickeln, um andere verstehen und deren Absichten vorhersehen zu können. Durch den „Zwang" zur Beobachtung und „Spiegelung" der Körpersprache und des Verhaltens anderer Herdenmitglieder wurde der Zustand anderer im eigenen Körper abgebildet und konnte auf diese Weise auch nachempfunden werden. So kam es also zu einer komplexen sozialen Synchronisation unabhängiger Organismen. Seit dieser Zeit produziert beispielsweise unser Schmerzzentrum Schmerzsignale, wenn wir jemanden beobachten, der Schmerzen hat; wir beruhigen uns, wenn wir entspannte Menschen sehen, und es wächst unser Muskel, wenn wir jemanden beobachten, der vor unseren Augen Kniebeugen macht. Wie körperlich tiefgreifend diese neue Form der Wechselwirkung unabhängiger Individuen ist, war eine der spannendsten wissenschaftlichen Erkenntnisse der letzten beiden Jahrzehnte. (Aber Achtung: Glauben Sie jetzt nicht, dass Sie durch Beobachtung hantelstemmender Fitnesssportler zum

Kraftprotz werden: Wissenschaftlich signifikante Veränderungen in Ihrer Muskelstruktur bedeuten noch nicht, dass man Ihnen das auch von außen ansieht.)

FÜHRUNG UND RUDELVERHALTEN

Wie also können wir unser Gruppenverhalten am besten verstehen? Aufschluss über ein paar grundlegende Spielregeln geben uns unsere nächsten Verwandten: Am Rudelverhalten von Affen lassen sich wichtige Aspekte stabiler hierarchischer Führung gut darstellen. Wenn Sie frei lebende Makaken (eine asiatische Affenart) aufmerksam beobachten, würden Ihnen drei zentrale Merkmale innerhalb des Rudels auffallen, die wir heute bei allen sozialen Lebewesen vom Typ „Raufbold" finden: Rangordnung, Kooperation und Konkurrenz.

Beobachtungen von einem „Affenberg": Hier lebt ein Makaken-Rudel, bestehend aus rund 150 Tieren, dessen Chef „Max" seit 15 Jahren die Gruppe anführt. Ich finde es ist erstaunlich, wie lange Max sich schon in seiner Position behaupten kann und wie stabil die Rollenverteilung im gesamten Rudel zu sein scheint. Es gibt natürlich immer wieder kurze Scharmützel zwischen den einzelnen Affen. Im Großen und Ganzen scheint das Leben im Rudel friedlich und harmonisch zu verlaufen.

Auf den ersten Blick ist die Rangordnung innerhalb des Rudels die bestimmende Auffälligkeit. Sie ergibt sich aus den Unterschieden zwischen den Individuen und trägt maßgebend zur Stabilisierung, Sicherheit und Energieschonung innerhalb der Herde bei. Bei kollektivem Hunger oder Bedrohung von außen kommt es zur Ausbildung einer engen Kooperation, um gemeinsam zu jagen oder Angreifer zu bekämpfen. Zu welchem Zeitpunkt und mit welcher Strategie eine Kooperation innerhalb des Rudels entsteht, wird maßgeblich von Max und seinem Verhalten bestimmt: Greift er an, greifen auch die anderen an; flieht er, fliehen auch die anderen, und stellt Max sich tot, so folgen ihm alle anderen mit ausgeprägter Passivität.

Führung 1.0 scheint demnach nichts anderes als ein „Copy-paste-Verhalten" zu sein und sorgt dafür, dass man dem – momentan akzeptierten – Chef ohne zu zögern folgt. Selbst in der Menschenführung gilt dieses Prinzip, und es bedeutet, dass man Veränderung bei anderen effizient nur durch entsprechend sichtbares Verhalten *bei sich selbst* nachhaltig wirksam auslösen kann. Will ich, dass sich ein Mitarbeiter verändert, muss ich zuvor mein eigenes Verhalten anpassen!

Der große Nachteil im Vergleich zum Modell „Fischschwarm": Funktioniert Max nicht (mehr), ist das gesamte Rudel in Gefahr. Ein nicht respektierter, zögernder, unsicherer oder verletzter Chef würde im Krisenfall unkoordiniertes Verhalten des Affenrudels zur Folge haben. Um dem entgegenzuwirken, gibt es ein permanentes „Training" für Max, das verhindern soll, dass er zu bequem wird und sich auf seinen Privilegien auszuruhen beginnt: die Konkurrenz innerhalb des Rudels.

Besteht gerade keine akute Bedrohung und sind alle satt und zufrieden, wird es spannend: Dann beginnt sich das Affenrudel nämlich mit sich selbst zu beschäftigen. Plötzlich geht es wieder um Rang und Privilegien, um Nahrung und Sexualpartner: Es wird gestritten, geprügelt und geprotzt. Konkurrenz als vermeintlich destabilisierender Faktor innerhalb der Gruppe wird immer dann sichtbar, wenn kein gemeinsames Ziel außerhalb des Rudels verfolgt wird, und sorgt dafür, dass umgehend ein „Feind" innerhalb der Gruppe gesucht wird: Im Rudel bilden sich sofort Allianzen.

Der Auslöser ist, wie auch bei der Kooperation, die Aggressivität unseres „Froschgehirns". Selbst bei einem Überangebot an Nahrung und Weibchen hat die Natur einen Weg gefunden, um „zu hohe" Stabilität – und damit Stagnation im Sinne der „Gesamtfitness" – zu verhindern: Neid, das Motiv, unbedingt haben zu wollen, was ein anderer hat. Etwas, von dem man glaubt, dass es eigentlich einem selbst zusteht. Aggression und das Belohnungssystem sind in diesem Fall die biologischen Antreiber im Gehirn, die beim möglichen Erreichen des höheren Rangs oder beim erfolgreichen Ergattern des ranghöheren Weibchens Belohnung durch Dopaminproduktion versprechen. Konkurrenz ist daher keinesfalls negativ zu sehen, sondern vielmehr als einer der wichtigsten Motoren zur Erhaltung und Weiterentwicklung eines Kollektivs, wobei die Balance zwischen Kooperation und Konkurrenz den langfristigen Erfolg sichert.

Wir halten fest, was ich bereits in Kapitel zwei zum Thema „Resiliente Organisationen" beschrieben habe: Kollektives Handeln wird sehr effizient ausgelöst durch ein klares Ziel- oder Feindbild, ein starkes Motiv zum gemeinsamen Agieren. Gibt es ein solches außerhalb des Rudels nicht, so findet man eines innerhalb der Gruppe und sucht eventuell Verbündete für die Erreichung dieses neuen Ziels. Besonders auffällig wird es im Affenrudel immer dann, wenn Max gerade nicht da ist oder nicht mehr die nötige Akzeptanz hat – wenn er also nicht mehr *präsent* ist.

Eine spannende Frage ist, warum gerade Max das Alphatier der Herde wurde und es auch bereits über einen so langen Zeitraum bleibt. Als Antwort drängt sich das „Gesetz des Stärkeren" förmlich auf: Max ist der Stärkste seines Rudels, Futter und Weibchen werden ihm aus Angst vor einer Tracht Prügel einfach überlassen. Stabil bleiben die Machtverhältnisse, solange er kräftig und aggressiv ist und keine Zweifel an seiner Stärke aufkommen. Das klingt plausibel, aber bei genauerer Betrachtung ist es – selbst bei Affen – nicht ganz so einfach: Nachdem Max, als starkes, cleveres und aggressives Männchen, seinen Vorgänger als Chef verdrängt und damit Rang und Privilegien „geerbt" hat, wird er für aufstrebende Jungtiere besonders interessant. Alphatiere haben die höchste Konkurrenz, da viele kräftige Jungtiere von den Privilegien um Futter und attraktive Weibchen magisch angezogen werden. Alphatiere sind durch die Vielzahl an ähnlich starken „Mitbewerbern" am leichtesten zu ersetzen, weil die potenziellen Anwärter ständig üben und trainieren. Sie wollen schließlich irgendwann selbst die Führerschaft übernehmen. So wird Max zum Vorbild und Feindbild gleichzeitig. Er wird verstärkt beobachtet und sein Verhalten in der Hoffnung, dadurch erfolgreicher zu sein, kopiert: Er wird zum „Role Model". Das betrifft nicht alle Rudelmitglieder, führt aber zum Auslösen eines Rudelphänomens, das uns erklärt, warum letztendlich *alle* fliehen, wenn Max das Weite sucht: Seine Flucht löst bei seinen wichtigsten Beobachtern, dem Alphaweibchen und den wichtigsten Anwärtern auf seine Nachfolge, den Nachlaufreflex des uralten „Fischschwarm-Programms" aus. Wird beobachtet, dass die ranghöchsten Affen kreischend abhauen, rennt der Rest der Meute ahnungslos, aber ebenfalls kreischend hinterher.

AKZEPTANZ VON FÜHRUNG

Nicht nur bei uns Menschen, auch bei Affen wird nicht jeder, der sich einmal das Zepter des Anführers erkämpft hat, auch nachhaltig akzeptiert. Für eine langfristige Führung des Rudels bedarf es mehr: Verhaltensbiologisch gibt es in diesem Zusammenhang ein erstes Regulativ, das durch den Zusammenhang zwischen Rang und Risiko entsteht: Im Ernstfall kämpft Max an vorderster Front, sichtbar für den Rest der Meute. Würde er kneifen, wären Rang und Privilegien mit einem Schlag dahin. Max zeigt aber mit seinem Rollenverhalten, dass er sich für das Rudel einsetzt, sich anstrengt und damit das höchste Risiko der gesamten Gruppe auf sich nimmt. Er bedient damit das Sicherheitsbedürfnis des „Spitzmausgehirns" seiner Mitläufer und stärkt dadurch Bindung und Vertrauen. Langfristig akzeptierter Rang und Privilegien müssen also in der Praxis durch laufenden Schutz des Rudels erarbeitet und verdient werden; Max „bezahlt" in dieser Situation den Preis für seinen Status. Das Rudel erwartet dieses Verhalten von Max, bewertet ihn danach und glaubt weiterhin an seine Fähigkeiten. Zusammengefasst bedeutet es, dass Akzeptanz und Gefolgschaft aus der Befriedigung der „Spitzmausbedürfnisse" und der Kontrolle der „Froschbefehle" resultieren und langfristig nicht der körperlich Stärkste, sondern der Starke, Clevere *und* sozial Geschickte Rang und Privilegien erhält.

Zwei weitere wesentliche Eigenschaften zeichnen Max darüber hinaus noch aus: Alle anderen können ihn einschätzen und wissen situationsabhängig schon vorher, was er tun wird – er reagiert in bestimmten Situationen nämlich immer ähnlich. Entscheidend ist auch, dass seine emotionalen Reaktionen der jeweiligen Situation angemessen ausfallen: Das sorgt für Klarheit, Stabilität und Sicherheit und letztlich für das Gefühl von Fairness. Damit das gelingt, benötigt Max eine grundlegende Fähigkeit, die nicht alle gleichermaßen auszeichnet: die Fähigkeit zur genauen emotionalen Wahrnehmung des Verhaltens anderer.

Durch die hierarchische Struktur der Herde wird Aufmerksamkeit aber nie gleich verteilt, wodurch ein weiterer, oft übersehener Faktor der Wirkung eines Anführers sichtbar wird: Betrachten wir Aufmerksamkeit als Währung innerhalb einer Gruppe, erkennen wir, dass sehr ungleich verteilt und „bezahlt" wird. Max ist nicht jedem gegenüber gleich aufmerksam und verteilt dadurch Rang und Hierarchie innerhalb der Gruppe. Sobald Max auffällig unaufmerksam wird, entstehen automatisch Rangkämpfe, weil ein stabilisierender Faktor wegfällt.

Akzeptanz scheint noch zusätzlich durch stark differenzierende Persönlichkeitsmerkmale beeinflussbar: Die Wirkung auf andere, wie beispielsweise durch Charisma, kann zur Bewunderung und letztlich zu Akzeptanz führen. Charismatiker zeichnen sich dadurch aus, dass sie starke emotionale Reaktionen bei anderen auslösen können, gleichzeitig aber selbst auf die Wirkung anderer nicht reagieren. Sie scheinen dadurch andere eher zur Nachahmung zu veranlassen als dass sie selbst andere nachahmen (können). Besondere individuelle Fähigkeiten, wie beispielsweise spezielles Geschick und Stärke, verleiten in Krisensituationen dazu, dem Rudel klar vorzugeben, wohin die Reise geht – das gibt Sicherheit und wird gewissermaßen erwartet. Ich bin grundsätzlich ein Verfechter der Mitarbeiterpartizipation, bin aber gleichzeitig überzeugt, dass basisdemokratische Entscheidungsprozesse unter akutem Stress nicht der Befriedigung des Sicherheitsbedürfnisses des Einzelnen dienen.

Ich stelle akzeptierte Führung in einem Affenrudel vereinfacht als Summe von sieben ausschlaggebenden Faktoren aus vier Bereichen dar:

- Bereich 1: Persönlichkeit und Wirkung, mit den Faktoren Charisma und individuelle Fähigkeiten
- Bereich 2: emotionale Reaktionen, mit Einschätzbarkeit und angemessenem Verhalten
- Bereich 3: rollentreues Verhalten, durch sichtbare Anstrengung und hohen und risikobereiten Einsatz für das Rudel
- Bereich 4: hohe Aufmerksamkeit und Empathie

7 Faktoren der Akzeptanz

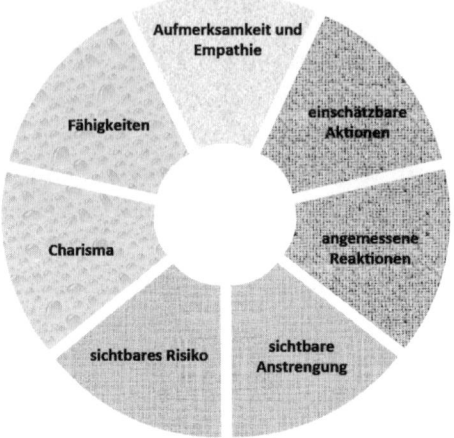

Im Vergleich zu den Affen wird Menschenführung durch die Tatsache erschwert, dass der Chef nicht von der Gruppe „ausgewählt" wird und damit Rang und Privilegien verliehen bekommt, sondern dass Dritte darüber bestimmen, wer die Gruppe führen soll. Die Ursachen für die erreichte Führerschaft können von den Mitarbeitern in der Regel nicht direkt beobachtet, sondern nur vermutet werden. So ist die Mythenbildung quasi vorprogrammiert.

Als Max sein Rudel übernommen hat, konnte man deutlich hören und sehen, was mit seinem Vorgänger passiert ist: Eine Tracht Prügel bleibt selten unbeobachtet und führt darüber hinaus dazu, dass der Unterlegene – das Ex-Alphatier – sein Verhalten auch der Gruppe gegenüber anschließend sofort ändert. Er unterwirft sich Max, spielt sich seinen ehemaligen Untergebenen gegenüber nicht mehr auf und fordert seine alten Privilegien in der Gruppe auch nicht mehr ein. Die Ersten, die das erkennen, sind vermutlich die Weibchen, die sich sogleich vom Unterlegenen abwenden. Die Welt ist gnadenlos.

Im Gegensatz dazu wird unser Chef bei nachhaltig fehlender Akzeptanz nicht automatisch ersetzt, sondern muss weiterhin akzeptiert werden. Ich möchte an dieser Stelle bestimmt nicht für das (leider sehr effiziente) Faustrecht zur Lösung problematischer Führung plädieren, möchte aber angemerkt haben, dass Neid, passiver Widerstand, Mobbing, Jammer- und Opferrollenkultur Beispiele vorprogrammierter Folgen von nicht akzeptierter Führung sind. Ein neuer Chef steht also zu Beginn unter „Generalverdacht" und permanenter Beobachtung: Er muss den Spitzmäusen in den Köpfen seiner Mitarbeiter beweisen, dass er die Führerschaft verdient. Respekt und Anerkennung in der Gruppe müssen erarbeitet werden.

Für unsere Berufswelt würde rollentreues Führungsverhalten bedeuten, dass wir uns im Ernstfall sichtbar für alle (!) vor die direkten Mitarbeiter zu stellen haben und unseren „Kopf hinhalten" müssen, wenn Fehler passieren. Es bedeutet auch, dass delegierte Aufgaben mit sichtbarer Anstrengung begleitet werden müssen, damit alle sehen können, dass die delegierte Aufgabe nach wie vor wichtig für die Führungskraft selbst bleibt und sie sich weiterhin dafür interessiert und anstrengt. Manipulation der Gruppe zum eigenen Zweck und die damit einhergehende Erschleichung von Privilegien führen *nicht* zur Akzeptanz von Führerschaft.

Dazu ein Beispiel, das Sie wahrscheinlich schon miterlebt haben: Unser Mitarbeiter Harald, wir kennen ihn ja schon, soll vor dem versammelten Management den von ihm ausgearbeiteten Ausblick für das nächste Quartal präsentieren. Harald zeichnet sich dadurch aus, dass er sehr schnell ist, scheinbar aber nicht zu gewissenhaftem und exaktem Arbeiten geboren wurde. Privat wie beruflich verhält er sich so, wie Sie sich nie verhalten würden – er ist ganz anders als Sie. Daher vertrauen Sie ihm auch nicht sehr und versuchen, Harald durch „Spezialaufgaben" zu mehr Motivation und einer besseren Leistung in seiner Arbeit zu bewegen. Das gesamte

Team ist nun Zeuge, als der Finanzvorstand eine Frage zu Folie 13 formuliert und dabei einen gravierenden Fehler aufdeckt: Harald hat sich scheinbar vertippt und einen Fehler produziert, der sich auf alle weiteren Folien auswirkt.

Was vermuten Sie nun, nachdem Sie „Frosch, Spitzmaus und Controller" in unserem Gehirn schon kennen, wohin wohl alle Kollegen von Harald blicken, Sekunden nachdem der Finanzchef den Fehler mit erregter Stimme aufgedeckt und indirekt deutlich gemacht hat, dass ihm diese Schlamperei missfällt? Richtig: zu Ihnen. Ihre Mitarbeiter wollen wissen, ob Sie das Risiko übernehmen und jetzt – im Ernstfall – an vorderster Front kämpfen und sie schützen oder ob Sie kneifen.

Die Kneifer machen Folgendes: Sie kritisieren Harald vor allen anderen, indem sie ihn nur schweigend anschauen oder Aussagen tätigen wie: „Er wird das nachreichen." Wenn sie nicht schon da ist, ist das die Geburtsstunde der Fehlerkultur, in der alle Ihre Mitarbeiter gelernt haben, was im Ernstfall passiert. Diejenigen Führungskräfte hingegen, die Interesse an anderen Menschen haben, die andere im Sinne der Unternehmensziele ermutigen und entwickeln wollen, die sich ihrer Rolle und Verantwortung bewusst sind, sprechen in dieser Situation von *sich* und *ihrem* Fehler. Die Diskussion mit Harald, mit der klaren Formulierung der Erwartungen an ihn, sollte erst später unter vier Augen folgen. Er wird dann die persönliche Kritik viel eher annehmen können, weil er erlebt hat, dass Sie bereits für und wegen ihm „gelitten" haben, Ihre Aufgabe erfüllt und den Preis für Ihre Privilegien bezahlt haben.

LEISTUNGSBEREITSCHAFT UND OPTIMISMUS

Wollen wir leistungsbereite und optimistische Menschen besser verstehen, spielen deren Erinnerungen und Vergangenheit
eine entscheidende Rolle. Deshalb sollten wir uns noch einmal
die Eigenschaften unseres Gedächtnissystems in Erinnerung rufen: Wie bereits mehrfach beschrieben, werden in unserem Gedächtnis nur Ordner mit reinen Wissensinhalten neutral (also
emotionslos) angelegt. Alle anderen Erlebnisse und Erfahrungen
werden beim Neuanlegen quasi emotional eingefärbt. Dieser
Logik der emotional bewerteten Einfärbung unserer Erlebnisse
folgt konsequenterweise, dass unsere Erinnerungen an Ereignisse entscheiden, ob wir uns zukünftig davor fürchten oder auf
sie freuen, motiviert oder demotiviert sind. Verknüpfte Erfahrungen entstehen, wie in Kapitel 3 „Arbeit und Belastung" geschildert, durch die Synchronisation von Inhalten des emotionalen Verhaltensgedächtnisses mit den neutralen Inhalten des
Wissensgedächtnisses. Dabei bekommen auch die Inhalte des
Wissensgedächtnisses eine emotionale Bedeutung und werden
dadurch leichter abrufbar. Das ist für unsere Fähigkeit zu lernen
eine entscheidende Erkenntnis!

Unsere inneren Überzeugungen, unsere Einstellung oder unser „Mindset" sind damit nichts anderes als die Erinnerung an
verknüpfte Erfahrungen. Wenn wir am Computer ein Word-Do-
kument öffnen, lesen und wieder schließen, verändert sich der
Inhalt nicht. Ganz anders aber sieht es aus, wenn wir uns an
etwas erinnern: Beim Öffnen des Ordners in unserem Gehirn
wird die Bedeutung des Inhalts durch die momentane Emotionslage des Erinnerns verändert. Selbst durch die Wortwahl einer
Frage, die zum Erinnern an einen bestimmten Sachverhalt auf-
fordert, ändert sie sich nachhaltig. Dazu möchte ich ein Experiment schildern, dass die Veränderbarkeit unserer Erinnerungen
erstmals eindrucksvoll aufgezeigt hat:

Eine Gruppe von Studenten betrachtet ein Video, das einen Verkehrsunfall mit zwei Autos an einer Kreuzung zeigt. Nach einer Woche musste ein Teil der Gruppe die Frage beantworten: „Wie hoch schätzen Sie die Geschwindigkeit, mit der sich die beiden Unfallautos berührt haben?" Der andere Teil der Gruppe beantwortete dieselbe Frage mit dem kleinen Unterschied, dass das Wort „berührt" durch „ineinandergekracht" ersetzt wurde. Was schon länger bekannt war, bestätigte sich auch bei dieser Studie: Die Schätzung der Geschwindigkeit ist abhängig von der Wortwahl! Je dramatischer die Formulierung der Frage, desto höher wird in der Antwort die Geschwindigkeit geschätzt. Spannend wurde es eine weitere Woche später, als Fragen zum Unfallort beantwortet werden mussten. Beide Gruppen wurden gefragt, ob sie im Video Glassplitter gesehen hätten. Sie ahnen wahrscheinlich bereits, dass jene Gruppe, die die Frage mit der Formulierung „ineinandergekracht" beantworten sollte, hoch signifikant häufiger Glassplitter gesehen zu haben glaubte, obwohl im Video tatsächlich nichts davon zu sehen gewesen war.

Wenn also Führungskräfte dramatisierend formulieren, verändern sie demnach nicht nur ihre eigenen Erinnerungen, sondern auch die der Mitarbeiter. Sie nehmen die abgespeicherten Videos in ihrem Gedächtnis quasi neu auf, überschreiben den Inhalt und stellen das Erlebte in einen neuen Kontext. Mit einer klaren Konsequenz für Zukünftiges: Die eigenen Erfolgserwartungen werden verändert.

Eine Frage: Wie hoch würden Sie den Prozentsatz an Arbeiten schätzen, die Sie im Laufe eines ganzen Jahres an Ihre Mitarbeiter delegiert haben und die dann, aus Sicht der Mitarbeiter, auch erledigt, also erfolgreich „abgearbeitet" wurden? Bei unseren Befragungen geben Mitarbeiter an, rund 90 Prozent ihrer Aufgaben tatsächlich zu erledigen. Das sind Aufgaben, die vom einfachen Telefonat bis zum großen Projektabschluss reichen, und sie entsprechen der täglichen Anstrengung und Leistung der Mitarbeiter.

Und wie viel Ihrer gesamten Sprechzeit eines Jahres verwenden Sie Ihrer Schätzung nach für die verbale Kommunikation von Problemen, nicht erreichten Zielen und tatsächlichem Misserfolg? Ich vermute, und unsere Befragungsergebnisse bestätigen das, rund 90 Prozent. Betrachtet man außer dem, *wie* wir kommunizieren, auch das, *was* wir sagen, fällt eines besonders auf: Wir verwenden 90 Prozent unserer gesamten Sprechzeit, um über 10 Prozent tatsächlichen Misserfolgs zu sprechen. Dadurch entsteht eine innere Überzeugung, die nicht der Realität entspricht. Hier finden wir eine der Ursachen für systemische Überlastung.

In der Welt internationaler Konzerne ist Konstanz in der Besetzung von Managementpositionen selten geworden. Wenn der Chef der Gruppe oft ausgewechselt wird, ist die häufigste Mitarbeiterreaktion Verunsicherung. Wir reagieren unserem „Affenprogramm" gemäß: kreischend abhauen zu wollen und nicht den frei gewordenen Posten sofort anzustreben. Denn eine hohe Fluktuation legt die Vermutung nahe, dass da etwas nicht stimmen kann, und die frei gewordene Position verliert schlagartig an Attraktivität. Ich höre (fast) täglich von Mitarbeitern des mittleren Managements, dass Posten im Topmanagement internationaler Organisationen nicht mehr erstrebenswert seien – zu hoch ist die Fluktuation und zu manifestiert sind die Vorurteile und Mythen über die möglichen Ursachen. So erklärt sich, warum die wichtigsten Posten nicht selten mit Menschen mit zu stark ausgeprägten Machtmotiven besetzt werden und wichtige Elemente gelungener Führung verloren gehen: nämlich das Interesse an der Weiterentwicklung anderer und die Lust an der Anstrengung für die Gemeinschaft. Ich bin der Meinung, dass ausgeprägter Ehrgeiz zum Erreichen des Unternehmenserfolgs oder kompetitiven Niederringen des Mitbewerbers nicht schlecht ist. Dafür stellt es sogar eine wichtige Voraussetzung dar. Ehrgeiz darf aber nicht als alleiniges Motiv das Verhalten des obersten Managements kontrollieren:

Das Gleichgewicht zwischen gemeinschaftlichem Kooperations- und egoistischem Konkurrenzdenken verschiebt sich zugunsten der Konkurrenz, weil man sich immer häufiger mit Problemen innerhalb der Gruppe beschäftigt: Die Aufmerksamkeit ist nach innen gerichtet. Die Aufmerksamkeit auf unternehmensinterne Abläufe steigt stetig an. Meiner Wahrnehmung nach liegt der Hauptgrund dafür in den Prozessoptimierungen, den strikten Vorgaben des Qualitätsmanagements und in permanentem Controlling. In großen Organisationen muss natürlich hohe Aufmerksamkeit auf die exakte Einhaltung der definierten Prozesse gelegt werden. Effizienzsteigerungen scheinen anders nicht erreichbar. Arbeitsprozesse sind definitiv weiter optimierbar, das menschliche Gehirn aber leider nicht! Unser Gehirn passt sich zwar immer und sehr schnell an neue Herausforderungen an, aber diese Anpassung bedeutet nicht zwingend auch Optimierung im Sinne einer Effizienzsteigerung.

Nachweisbar bringen diese Optimierungsmaßnahmen in großen Organisationen viele Vorteile, zeigen aber bereits unerwünschte Nebenwirkungen. Die Folgen für unseren Wahrnehmungsapparat und unsere Gesundheit habe ich bereits geschildert. Da man sich im operativen Bereich von Organisationen stark mit der Prozesseinhaltung und -dokumentation beschäftigen muss, beschäftigt man sich folglich immer aufwendiger mit sich selbst und übersieht nicht selten die einfachen Unternehmensziele: sich am Markt mit dem eigenen Produkt oder der eigenen Dienstleistung gegen den direkten Mitbewerber um Kunden zu drängeln. Dadurch entsteht in der Wahrnehmung der meisten Mitarbeiter das typische Bild der Erfolgskultur: viel Anstrengung und kein sichtbarer Erfolg für den Einzelnen.

Wer den Erfolg wirklich erntet, habe ich übrigens bis jetzt noch nicht herausgefunden: Ich habe Vorstände, Geschäftsführer, das mittlere Management und die operativen Mitarbeiter mit der

Frage nach ihrem Erfolg befragt; mit dem erschütternden Ergebnis, dass offenbar niemand die direkten Auswirkungen des Unternehmenserfolgs spürt! Die meisten streiten sogar ab, dass sie überhaupt erfolgreich sind, und empfinden ihre Tätigkeit als nur mäßig erfolgreich. Auch Aktienbesitzer streiten vehement ab, dass sie ernten, was andere säen. In einer ausgeprägten Leistungskultur wäre es übrigens anders: Leistung an sich würde stärker honoriert und nicht ausschließlich der Gesamterfolg einer Organisation. Es sind nämlich soziale Motive, die uns steuern und motivieren, und nicht eine korrekt zu erstellende Excel-Tabelle allein: Denn Menschen arbeiten für Menschen und nicht für Funktionen.

KOMMUNIKATION

Zum Thema Kommunikation gibt es umfassende Literatur. Ich erspare Ihnen und mir einen weiteren Versuch, das Thema detailliert zu beschreiben. Zwei Beobachtungen aus dem Themenbereich schildere ich aber dennoch, weil ich sie für besonders relevant halte: Einerseits möchte ich ihnen den Zusammenhang von Erfahrungen, Kommunikation und Lernen näherbringen und andererseits darstellen, warum uns die Worte mancher Chefs sofort unglaubwürdig erscheinen.

Die komplexe menschliche Kommunikation ist im Vergleich zur Kommunikation der Affen um die Sprache erweitert, zeigt aber weiterhin und zusätzlich auch noch alle Eigenschaften der nonverbalen Kommunikation unserer Vorfahren. Ein grundlegender Vorteil der Lautsprache besteht wohl darin, dass wir sehr schnell komplexe Informationen senden können und darauf hoffen dürfen, dass sie im Controller des Empfängers auch verstanden werden. Wie Sie bereits wissen, kommunizieren wir über unser Spitzmausgehirn seit rund 150 Millionen Jahren durch Informationsweitergabe, bei der nicht der Sender, sondern die Fähigkeit des Empfängers im Vordergrund steht. Diese Form der Kommunikation zwingt uns dazu, andere ständig zu beobachten und deren Verhalten nachzuempfinden, um daraus sicherheitsrelevante Informationen ableiten und dadurch andere Menschen verstehen und einschätzen zu können.

Erfahrungen, Kommunikation und Lernen

Stellen Sie sich nun folgende Situation vor: Sie müssen in Ihrem Job erstmalig zum Jahresgespräch mit Ihrem Chef, der leider einen ganz „schlechten Tag" hat. Gedemütigt und ungerecht behandelt verlassen Sie den Besprechungsraum und hadern für den Rest des Tages mit dem Schmerz der Ungerechtigkeit, mit Ihrer Enttäuschung und Wut. Noch am selben Tag sprechen Sie mit ein paar Kollegen über das Erlebnis und lassen Ihrem Frust freien Lauf. Sie fühlen sich als Opfer.

An diesem Tag hat sich in Ihrem Gehirn etwas nachhaltig verändert: Drei Netzwerke waren erstmals gleichzeitig aktiv und wurden miteinander verbunden: Netzwerk eins in unserem Froschgehirn reagierte auf den Schmerz nach dem Gespräch mit Aggression und Wut. Teile unseres Spitzmausgehirns, das zweite Netzwerk, steuerten die Handlung des emotionalen Jammerns mit den Kollegen und spürten die wohltuende Wirkung des sozialen Zuspruchs (Oxytocin). Und Netzwerk drei, ein Bereich unseres System-Controllers, nahm das eigene Verhalten in dieser Situation bewusst wahr. Diese drei Wahrnehmungen wurden miteinander „verdrahtet" und werden künftig immer gleichzeitig reagieren.

Wie in Kapitel 2 geschildert, verknüpfen wir in solchen Situationen Erfahrungen und erzeugen daraus innere Überzeugungen (Vorurteile). Von nun an genügt es nämlich, dass Sie einem befreundeten Kollegen beim Jammern zuhören, und Sie werden den Ihnen von *Ihrem* Chef zugefügten Schmerz wieder empfinden. Wut, Enttäuschung und das Gefühl, Opfer zu sein, sind wieder da – Sie haben die Emotion für diese und ähnliche Situationen *gelernt*.

Die eigenen Handlungen und Wahrnehmungen sind demnach nicht wirklich voneinander getrennt, sondern auch stark von den Handlungen und Wahrnehmungen unserer Mitmenschen geprägt – wir „spiegeln den Spiegel" und sind dadurch quasi in einen übergeordneten sozialen Organismus, in ein System, eingebettet. Dabei scheint Empathie aber auch durchaus selektiv und geschlechtsspezifisch zu sein. Wir neigen nämlich generell dazu, mehr mit den Menschen mitzufühlen, die uns ähnlich sind. Hier spielen leider auch Dinge wie Hautfarbe, soziale Zugehörigkeit und Verhaltensrituale eine differenzierende Rolle. Würden Sie mich dabei beobachten, wie ich mir in den Finger schneide und aufschreie, würden Sie meinen Schmerz stärker teilen, wenn ich Ihnen vorher erzählt hätte, dass wir dieselbe Schule besucht haben und unter denselben Lehrern leiden mussten. Hätten wir vor diesem Ereignis eine heftige und kontroverse politische Diskussion geführt, könnte es sogar sein, dass Sie sich über mein kurzfristiges Leid ein wenig freuen. Interessanterweise gilt dies vor allem für Männer, deren empathische Fähigkeiten selektiver zwischen Freund und Feind unterscheiden. Frauen differenzieren hier deutlich weniger und empfinden meist mit allen Menschen gleichermaßen mit. Für mich ergibt sich daraus ein Zusammenhang, der erklären würde, warum unter chronischem Stress das Symptom des sozialen Rückzugs auffällig häufig beobachtbar ist: Jeder Freund, der mir sein Leid klagt, während ich selbst unter chronischem Stress leide – mit dem ich also mitempfinden muss –, stellt für mich eine zusätzliche emotionale Belastung dar, die es aus Selbstschutz zu vermeiden gilt. Eine fatale Konsequenz, da weniger soziale Bindungen und Beziehungen einen niedrigeren Oxytocin-Spiegel bedeuten, was – wie im Kapitel „Arbeit und Belastung" erwähnt – sogar krankheitsanfälliger machen kann.

Glaubwürdigkeit

Für Führungskräfte ist dabei wichtig, zu wissen, dass unser Gehirn permanent zwei Sinneswahrnehmungen vergleicht: Was sieht und empfindet die Spitzmaus und was hört und interpretiert der Controller? Kommt es zu einem Widerspruch, gibt es Großalarm; die Aufmerksamkeit steigt, die Glaubwürdigkeit des Senders sinkt.

Ich erinnere an Kapitel 1: Psychologen behaupten in diesem Zusammenhang, dass Menschen dazu neigen, genau die Dinge besonders häufig anzusprechen und bei anderen einzufordern, die sie von sich selbst erwarten, aber nicht tun. Die Schlussfolgerungen daraus sind naheliegend: Fordern Sie nur die Dinge von anderen ein und sprechen Sie nur über jene Dinge, bei denen Sie sicher sind, dass Sie sie auch selbst seit geraumer Zeit umsetzen. Wenn man Sie bei Ihrer Arbeit nicht direkt beobachten kann, weil Ihre Mitarbeiter über den Erdball verteilt sind, sollten Sie regelmäßig und explizit darüber sprechen, was Sie gerade tun und wofür Sie sich gerade stark machen, und darauf achten, dass es nachvollziehbar und glaubwürdig bleibt. Klingt nach Marketing – und ist es wohl auch.

WERTSCHÄTZUNG UND MULTITASKING

Ich möchte im Zusammenhang mit Führung auf die zunehmenden Aufmerksamkeitsdefizite durch permanente Ablenkung und Multitasking in unserer Arbeitswelt hinweisen. Es konnte mehrfach gezeigt werden, dass sich unsere Wahrnehmung ändert, wenn wir ständig unter Zeitdruck sind, abgelenkt und unterbrochen werden. Unsere bewusste, fokussierte Aufmerksamkeitssteuerung passt sich an diesen Zustand an und neigt als Folge dazu, immer kürzer bei einem Thema zu bleiben. Auch ohne äußere Störungen wie läutende Telefone oder Mitarbeiter, die das Büro betreten, unterbrechen Führungskräfte häufig ihre Arbeit und arbeiten zusammenhanglos an anderen Tätigkeiten weiter. Durch permanente Ablenkung und Stress werden wir aggressiver und zeigen deutlich weniger Empathie. Führungskräfte werden dadurch egoistischer.

Ich habe im Vorwort die Frage gestellt, ob Sie Zeitungen häufig „querlesen" oder ob Sie schon einmal bemerkt haben, dass Sie, noch während ein Mitarbeiter mit Ihnen spricht, bereits an Ihre nächsten anstehenden Aufgaben denken. *Executive Reading* und *Executive Listening* sind charmante Umschreibungen in der Business-Sprache für das Antrainieren von Aufmerksamkeitsstörungen. Wenn Sie Ähnliches regelmäßig bei sich beobachten können, vermute ich, dass Sie bereits ein „chronischer Multitasker" sind und sich – als eine der Folgen – häufig als ungeduldig erleben. Andere werden an Ihnen die fehlende Aufmerksamkeit bemerken und Höflichkeit und Wertschätzung vermissen. Nebenbei ist die Fähigkeit, einem Mitarbeiter geduldig und aufmerksam zuhören und ihn wirklich verstehen zu wollen, die Grundvoraussetzung für erfolgreiche Führung. Viele Manager beschäftigen sich mit der Optimierung ihrer Senderfähigkeit: wie man etwas auf den Punkt bringt oder sich selbst präsentiert. Die Optimierung der Empfängerfähigkeit, also wahrzunehmen, was andere senden, wird meist sträflich vernachlässigt. Dabei steckt gerade darin ein großes Potenzial für neue Ideen und andere Sichtweisen. Stattdessen reagieren gehetzte Führungskräfte immer sehr ähnlich auf Problemstellungen von Mitarbeitern: Es wird reflexartig „geholfen" und sofort mit Lösungsvorschlägen geantwortet, statt die richtigen Fragen zu stellen und Mitarbeiter in ihrem eigenen Lösungsverhalten zu respektieren. Mit den richtigen, ruhig vorgetragenen Fragen, die sich auf versteckte Vermutungen im Lösungsvorschlag des Mitarbeiters konzentrieren sollten, wäre bereits vieles getan, um Mitarbeiter wertzuschätzen und zu entwickeln.

Wie bereits geschildert können jene, die im permanenten Multitasking arbeiten, Wichtiges von Unwichtigem nicht mehr sicher unterscheiden. Priorisierung fällt dadurch schwer: Alles bekommt (emotional) „Priorität eins" und wird als zu wichtig bewertet. Weil davon natürlich auch Führungskräfte betroffen sind, passiert es, dass man wirklich wichtige Themen und Problemstellungen übersieht und sich mit unwichtigen oder gar den falschen Problemen beschäftigt. Auch das Erinnerungsvermögen leidet meistens: Wir merken uns Sachinformationen deutlich schlechter, und *wenn* wir uns Informationen merken, dann vor allem kontextbezogen. (Das bedeutet, dass einem Dinge, wenn überhaupt, nur in ähnlicher Situation wieder einfallen.) Die allgemeine, kontextunabhängige Anwendung des erworbenen Wissens und die Verknüpfung neuer Erkenntnisse und Erfahrungen fallen zunehmend schwer. Innovatives und kreatives Denken findet unter diesen Bedingungen kaum mehr statt.

DELEGIEREN

Delegieren bedeutet im Grunde genommen, einen Mitarbeiter zu beauftragen, etwas zu tun, das ursprünglich nicht seine eigene Idee war. Er sollte dabei am besten auch noch die Verantwortung für das Ergebnis mit übernehmen und den Weg zum Erreichen des Ziels selbst wählen. Jede Führungskraft weiß: Nicht immer legen Mitarbeiter in so einer Situation begeistert los, denken wirklich mit und übernehmen auch selbst Mitverantwortung für ihr Handeln.

Diese menschlichen Schnittstellen im Arbeitsprozess sind mir daher noch eine detailliertere Betrachtung wert: Die Frage ist, unter welchen Umständen sind wir bereit, ein Fremdziel zu einem Eigenziel zu machen? Zur Sinnstiftung erklären Führungskräfte gerne, *was* zu tun ist und *wie* das zu bewerkstelligen wäre. Der Erklärungsversuch, *warum* wir etwas machen sollten, ist dabei meist der Stolperstein bei der Übersetzung zum Mitarbeiter. Dazu eine Beobachtung: Aus Angst vor Bindungsverlust neigen manche Führungskräfte dazu, sich stark mit den eigenen Mitarbeitern zu solidarisieren, und verwenden bei der Übergabe von vermeintlich unangenehmen Aufgaben Formulierungen wie „Wir müssen das erledigen, weil mein direkter Chef/der Geschäftsführer/der Vorstand ... es so will. Ich sehe es anders/ bin sogar dagegen/finde es unnötig/würde selbst anders entscheiden ...". Das Alphatier der Gruppe signalisiert dadurch, dass es die unangenehme Aufgabe selbst gar nicht umsetzen will, und trägt so wesentlich dazu bei, ein Feindbild innerhalb der Organisation, aber außerhalb der eigenen „Herde" zu finden: Dadurch wird die kollektiv gefühlte Opferrolle bestätigt.

Unter welchen Umständen glauben Sie, eher bereit zu sein, das Ziel eines anderen annehmen und zu einem persönlichen Ziel machen zu können? Ich meine: Nur dann, wenn wir jemanden vor uns haben, der in dem Augenblick der Formulierung seines Anliegens bereits selbst von der Sinnhaftigkeit der bevorstehenden Anstrengung überzeugt ist. Mitarbeiter wollen von ihrem Chef wissen, warum *er* überzeugt ist, dass ein bestimmter Auftrag im gesamtunternehmerischen Interesse ist. Es geht nur sekundär um das rational erklärte Warum. Denn auch hier gilt: Menschen arbeiten schließlich für Menschen und nicht für Funktionen!

Ich meine aber auch, dass es eine elementare Führungsaufgabe ist, sich mit Unternehmensentscheidungen und -strategien identifizieren zu wollen. Gelingt das nicht, bleibt nur mehr die Trennung der Rolle von der eigenen Person: Am Ende des Tages muss man Vorgaben eben auch einhalten. Ich möchte aber betonen, dass damit Vorgaben im Rahmen ethischer Normen gemeint sind. Es gibt selbstverständlich Grenzen ...

ZUSAMMENFASSUNG

Durch unsere biologische Herkunft als Herdentiere sind wir von der Sicherheit und Klarheit eines Anführers abhängig. Wir ordnen uns gerne unter, zeigen dabei allerdings nach wie vor unsere uralten egoistischen Verhaltensprogramme, die Eigenständigkeit und Unabhängigkeit fordern. Es ist der ständige Wettstreit der beiden gegenläufigen Motive Konkurrenz und Kooperation, der uns biologisch erfolgreich gemacht hat. Diese Dynamik der beiden gilt es zu beachten: Gibt es kein klares Ziel- oder Feindbild außerhalb einer sozialen Gruppe, entsteht zwangsläufig ein solches innerhalb des eigenen Systems.

Eine von allen akzeptierte, präsente und starke Führungspersönlichkeit stabilisiert dabei die eigene Herde und verhindert Rangkämpfe innerhalb der Gruppe. Gerade in jenen Phasen, in denen es kein klares gemeinsames Ziel zu geben scheint, entscheidet das Alphatier über weitere Kooperation oder aufkommende Konkurrenz. Die Erlangung der Akzeptanz ist dabei ein Prozess, bei dem die verliehenen Privilegien ständig neu erarbeitet werden müssen. Empathie, ein starkes Schutzsignal für die Gruppe und sichtbare Anstrengung für die gemeinsamen Ziele sind neben den individuellen Fähigkeiten eine Voraussetzung für nachhaltige Akzeptanz.

Akzeptierte Führerschaft setzt aber generell das Interesse an anderen Menschen voraus. Sich als Führungskraft jeden Tag darum zu bemühen, dass einen die Menschen bewundern, ist der falsche Zugang. Wenn ein Chef in den kritischen Phasen kneift und gleichzeitig Druck auf die Mitarbeiter ausübt, so ist das oft ein Indiz für einen nicht durchgeführten Paradigmenwechsel: Es geht dabei nämlich nicht um ihn als Führungskraft, sondern um die Entwicklung und Befähigung seines Teams. Aus der wichtigen Beeinflussung anderer wird so Manipulation: Der Drang nach dem eigenen Vorteil dominiert über die Freude, andere zu unterstützen. Schnell wird so ein Ausnutzer enttarnt – und Neid und kollektive Missgunst folgen. Die Fähigkeit einer Führungskraft, eine Pufferrolle einzunehmen und Druck nicht ungefiltert weiterzugeben, ist ebenso erfolgsentscheidend wie die Bereitschaft, sich mit den vorgegebenen Zielen identifizieren zu wollen. Nur so kann nachhaltig die Lust an der eigenen Leistung erhalten werden.

Kapitel 6

Motivation, Entscheidungen und Veränderungsbereitschaft

MOTIVATION UND GEDÄCHTNIS

Wir sind immer bestrebt, einen körperlichen und geistigen Gleichgewichtszustand aufrechtzuerhalten, und reagieren daher auf innere und äußere Veränderungen. Diese Reaktionen sind als Aktivitätsänderung in unserem Nervensystem sichtbar, aber nicht gezwungenermaßen an eine Verhaltensänderung gekoppelt. In unserem Spitzmausgehirn wird immer dann eine Emotion ausgelöst, wenn der auslösende Reiz entweder eine Belohnung oder eine Bestrafung erwarten lässt. Der Reiz muss zu einer bereits gemachten Erfahrung passen, damit er für uns eine emotionale Bedeutung bekommt und wir den Impuls zum Handeln verspüren – uns beispielsweise einer Sache motiviert zu- oder schnell von ihr abwenden. Das Ihnen bereits bekannte Verhaltensgedächtnis der Spitzmaus erkennt und gewichtet wahrgenommene Zusammenhänge, speichert diese ab und ermöglicht uns dadurch, Ereignisse und Reaktionen anderer vorherzusagen. Da wir immer lernen und Zusammenhänge in unterschiedlichsten Lebenssituationen zu erkennen glauben, ist es logisch, dass sich manche Vorhersagemodelle widersprechen. Es kommt zur Konkurrenz unterschiedlicher Sichtweisen. Folgt einer Emotion die konkrete Vorstellung, durch welches Verhalten wir unser jeweiliges Ziel am ehesten erreichen, entsteht in uns ein *Motiv*: der innere Antrieb zum Handeln. Dieser Antrieb kann einer allgemeinen Handlungsbereitschaft entsprechen, also immer bestehen, oder akut ausgelöst werden und zum sofortigen Handeln führen.

Für das Zusammenleben sozialer Säugetiere ist der Wettstreit innerer Motive eine ungemein wichtige Eigenschaft, weil wir uns dadurch vom impulsiven „Egotrip" des Froschgehirns emanzipieren konnten und bereits sehr früh in der Evolutionsgeschichte in der Lage waren, die Froschimpulse (Nahrungs-, Sexualtrieb und Aggression) zu kontrollieren. Es war eine Voraussetzung für das Zusammenleben in sozialen Gemeinschaften. Seit dieser Zeit sind wir in der Lage, uns unterzuordnen, ohne uns täglich die Rangordnung neu erstreiten zu müssen. Wir können beispielsweise den inneren Impuls, aus Hunger sofort und als Erster fressen zu wollen, durch ein starkes Gegenmotiv, nämlich Angst vor einer Tracht Prügel vom Alphatier, unterdrücken und warten, bis wir an der Reihe sind. Dabei müssen wir in der Vergangenheit gar nicht selbst aggressiv zurechtgewiesen worden sein, sondern es hat gereicht, andere beim gescheiterten Versuch, sich vorzudrängeln, beobachtet zu haben. Wir haben *Motivation* in Kapitel 1 als eine evolutiv notwendige „Erfindung" beschrieben, die uns von „innen" überreden kann, trotz (knappen) Scheiterns wieder zu handeln. Wir sind dadurch bereit, nochmals ein Risiko einzugehen, um damit Innovation, Fortschritt und die Sicherung der Gesamtfitness des Kollektivs zu sichern. Wir sind also in der Lage, weiter an das Erreichen des gesteckten Ziels zu glauben, und denken darüber nach, was wir beim nächsten Versuch besser machen können.

Durch unseren Controller, der sich erst Jahrmillionen nach unseren Emotionszentren differenziert hat, wurde zusätzlich die *bewusste* Steuerung unserer konkurrierenden Motive möglich. Kognitive Kontrolle, wie wir in Kapitel 1 gesehen haben, ist die Fähigkeit zur Verzögerung oder Unterdrückung einer bereits unterbewusst vorbereiteten Handlung. Durch bewusstes Aufschieben kurzfristiger „quick wins" sind wir auch in der Lage, wesentlich länger ein Ziel motiviert zu verfolgen, wodurch langfristige, lohnendere Ziele angestrebt und erreicht werden können. Unsere Vorhersagemodelle haben sich dadurch verbessert. Denn so sind wir fähig, weiter in die Zukunft zu blicken und längerfristig zu planen.

Die Stärke der ausgelösten Emotionen, unsere emotionalen und rationalen Lernerfahrungen (unser Gedächtnis) und unsere kognitive Kontrolle entscheiden demnach über unsere *Willenskraft*. Dabei wird eines klar: Motivation und Gedächtnis sind eng miteinander verbunden. Erinnern Sie sich bitte an Kapitel 5, wo ich Ihnen am Beispiel des Betrachtens eines Unfallvideos dargelegt habe, wie Dramatisierungen in unserer Sprache den Inhalt unserer Erinnerungen verändern. Wir dürfen nicht vergessen, dass sich unser Gedächtnis permanent verändert. Daher sind auch unsere Motive und unsere Bereitschaft zu handeln, also unsere *Willenskraft*, veränderbar – in positiver wie in negativer Hinsicht.

Was treibt uns an?

Stehen Handlungsimpulse im Vordergrund, die einen Vorteil (Belohnung) versprechen oder Nachteile (Bestrafung) vermeiden möchten, sprechen wir von extrinsischer (äußerer) Motivation. Frosch, Spitzmaus und Controller können jeweils extrinsisch befriedigt werden: Steht die Befriedigung der Froschaggressionen im Vordergrund, sind es *Machtmotive*, die uns leiten. Eine Führungskraft, deren Fokus auf dem Erreichen persönlicher Karriereziele liegt, um Geld, Respekt, Rang und Anerkennung zu bekommen, wäre ein Beispiel dafür.

Es gibt aber auch Menschen, die ihre Motivation hauptsächlich aus der Befriedigung des Bindungs- und Sicherheitsbedürfnisses der Spitzmaus beziehen: Das *Beziehungsmotiv* eines Mitarbeiters wird aus der Erfüllung der Rolle und der damit verbundenen Erwartungen befriedigt. Aber auch unser Controller erzeugt Motive. Diese Motive führen beispielsweise zu einer bewussten Identifikation mit langfristigen Zielen einer Gemeinschaft. Es gibt Mitarbeiter, die sich stark mit den Unternehmenszielen auseinandersetzen, diese verstehen und nachvollziehen wollen, um sie internalisieren zu können. Sie machen dadurch diese Ziele zu ihren eigenen Zielen. Sie können dadurch Ziele längerfristig planen und sind in der Lage, auf kurzfristige Befriedigungen aus *Machtmotiven* zu verzichten. Es entsteht ein *Planungsmotiv*, dass aus dem persönlichen Beitrag für das *gemeinsame* Ziel befriedigt wird.

Wir sind aber nicht nur durch äußere Einflüsse zu motivieren, sondern können uns, wie das Beispiel der Fließbandarbeiterin in Kapitel 1 schön zeigt, auch selbst antreiben. Intrinsische (innere) Motivation ist die persönliche Eigenschaft, etwas um seiner selbst willen zu tun, weil man gelernt hat, dass sich die Anstrengung selbst lohnt und ein gutes Gefühl auslösen kann. Man versteht dadurch, dass man selbst sein Glück beeinflussen kann. Wie man positive Empfindungen selbst auslösen kann, wird also erlernt und muss nicht zwingend mit konkreten äußeren Zielen verbunden sein. Ziel kann auch der positive emotionale Zustand selbst sein: Bei Musikern, Kletterern oder Top-Verkäufern sind nicht immer der Abschlussapplaus, das Erreichen der Gipfels oder der perfekte Kaufabschluss alleinige Motivation. Der „Kitzel" der Herausforderung, routinierte Sicherheit (Gelerntes) durch bewusste Konfrontation mit neuen Aufgaben (Unbekanntes) zu erlangen, ist für intrinsisch Motivierte das Ziel. Der Flow, das „Aufgehen in der Tätigkeit selbst", wird zum Selbstzweck, wie es die Glücksforschung so schön beschreibt.

ENTSCHEIDUNGEN: EIN WETTSTREIT ZWISCHEN FROSCH, SPITZMAUS UND CONTROLLER

Wir treffen in unserem Leben unzählige Entscheidungen, im Großen wie im Kleinen. Sie reichen von der Partner- und Berufswahl bis zur täglichen Frage, ob wir auf die Süßspeise nach dem Mittagessen verzichten sollten. Selbst wenn wir auf die Toilette müssen, sind unzählige Entscheidungen zu treffen: Wann geben wir dem inneren Drang nach, mit welchem Fuß treten wir zuerst auf, wie schnell gehen wir bis zur Toilette und mit welcher Hand öffnen wir die Tür? Und so geht es weiter, bis wir uns, nach der Erleichterung, nicht am eigenen Schreibtisch wiederfinden, sondern in der Kaffeeküche mit einem Espresso in der rechten und dem Smartphone in der linken Hand. Und manchmal ärgern wir uns dann über uns selbst, weil wir „eigentlich" weiterarbeiten wollten, um den Abgabetermin um 15 Uhr noch einhalten zu können. Der Impuls, sich einen warmen und belebenden Kaffee zu gönnen, war offensichtlich zu groß, um ihn zu unterdrücken. Frosch und Spitzmaus haben ganz schnell entschieden: Es gibt wesentlich mehr Dopamin in der Kaffeeküche zu erwarten als am Schreibtisch. „Quick win"-Entscheidungen fallen also vor Vernunftentscheidungen, schnelle Entscheidungen vor langsamen. Wenn es ums Überleben geht, ist es mit Sicherheit die bessere Wahl, sich auf unsere uralten Instinkte zu verlassen und lieber einmal zu viel davonzulaufen, als einmal zu spät zu reagieren. Zu lange darüber nachzudenken, ob der Säbelzahntiger in meiner Nähe wirklich hungrig sein könnte, war nicht selten tödlich. Wenn wir den langsamen mit dem schnellen „Entscheider" vergleichen, ahnen wir wohl, von welchem der beiden wir abstammen. Nachdenken macht also nicht immer Sinn – eine nachvollziehbare und einfache Logik der Natur.

DER FREIE WILLE

Heute wissen wir, dass Sekunden vor einer Handlung Hirnareale aktiv sind, die bereits alles für die Ausführung dieser Handlung vorbereitet haben. Diese Areale „wissen" quasi im Vorhinein, wie eine Entscheidung ausfallen wird. Dem Controller ist das natürlich nicht bewusst, aber im Elektrokardiogramm (EEG) und im Hirnscanner ist es messbar. Und das gilt vor allem für kurzfristige Entscheidungen, bei denen unser Controller rationale Erklärungen für unsere Handlungen erst Millisekunden später, also im Nachhinein, konstruiert. Danach können wir sie bewusst wahrnehmen und aussprechen. Fast scheint es also, als hätten wir keinen freien Willen und würden nur von unserem „Bauchgefühl" gesteuert.

Sind wir demnach Opfer unseres Unterbewusstseins, unserer uralten Frosch- und Spitzmausprogramme, von unseren Impulsen, Trieben und Emotionen? Wohl nicht, denn es muss einen freien Willen geben, das zeigt die Fähigkeit des Menschen, sich langfristige Ziele setzen zu können und manchmal dem ersten handlungsauslösenden Impuls *nicht* nachzugeben und ihn zu unterdrücken. Bei einer Entscheidung an die eigene Zukunft zu denken und zu „simulieren", wie sich unser heutiges Verhalten übermorgen auswirken könnte, hat etwas mit unserer Fähigkeit zum sogenannten *Belohnungsaufschub* zu tun. Wir stellen uns manchmal die Frage, wie viel Dopamin wir durch unser Verhalten langfristig erwarten können, und vergleichen es mit der Erfolgserwartung für eine schnelle Frosch- und Spitzmausentscheidung.

Ein einfaches Beispiel: Lässt man Versuchspersonen zwischen einer großen und einer kleinen Schokolade wählen, so nehmen die meisten von uns die große. Besteht aber die Wahl zwischen einer kleinen Schokolade heute und einer großen morgen, dann entscheidet sich die Mehrheit für die kleine: „Quick win" vor Vernunft. Frosch und Spitzmaus wollen *sofort* Dopamin, denn sie sind zur langfristigen Planung gar nicht in der Lage. Besonders auffällig wird dieses Phänomen bei der Entscheidung, ob wir in sieben Tagen eine kleine oder in acht Tagen eine große Tafel Schokolade haben möchten: Sie ahnen es? Richtig, plötzlich spielt es keine Rolle mehr, 24 Stunden länger warten zu müssen. Frosch und Spitzmaus sind mit ihrer Wahrnehmung und Beurteilung dieser Zeitspanne völlig überfordert und erkennen nur eines: Es gibt *jetzt* keine Schokolade. Genau das ist die Stärke unseres Controllers. Er ist in der Lage, langfristig zu planen und damit Motivation und Vorfreude aufrechtzuerhalten. Wir können dadurch weiterhin an unsere Belohnung glauben.

Die Frosch- und Spitzmausentscheidung, sofort die kleine Schokolade zu wählen, könnte der Controller in letzter Sekunde stoppen, wenn er von seinem Vetorecht Gebrauch macht und unsere erste Emotion unterdrückt. Wenn wir nicht gerade vom Hungertod bedroht sind, wäre diese Entscheidung wohl vernünftiger, da eine große Tafel Schokolade mehr Belohnung und auch mehr Energie verspricht. Schafft es der Controller nicht, Frosch und Spitzmaus zu überstimmen, „glaubt" er trotzdem, eigenständig entschieden zu haben. Wir erfinden nämlich im Nachhinein eine logische Erklärung für unser (oft) unvernünftiges Verhalten. Dadurch beruhigen wir uns und minimieren innere Konflikte.

BAUCH- ODER VERNUNFTENTSCHEIDUNGEN?

Im Wettstreit um die Entscheidungshoheit zwischen Frosch, Spitzmaus und Controller geht es um den Kampf zwischen Impulshandlungen, Emotionen, Gefühlen und der Vernunft.

Ich habe es in Kapitel 1 bereits geschildert: In lebensbedrohlichen Situationen übernimmt das „Froschprogramm" mit seiner Angriffs-, Flucht- oder Totstelllogik die Steuerung. Der Grund, warum die entwicklungsgeschichtlich ältesten Netzwerke in solchen Situationen das Kommando übernehmen, liegt an der unterschiedlichen Länge der Nervenverbindungen von den Sensoren (Nase, Auge, Ohren) bis zum verarbeitenden Netzwerk. Die kürzeste Verbindung besteht zum ältesten Hirnteil: unserem Froschgehirn. Unsere erste Reaktion ist also immer froschgesteuert. Je stärker der ausgelöste Affekt von Frosch und

Spitzmaus, desto unwahrscheinlicher wird die Unterdrückung durch den Controller. Wir entscheiden immer dann ohne Zutun unseres Controllers, wenn wir uns bedroht fühlen, im Stress und unter Zeitdruck sind.

Aber selbst ohne Zeitdruck und nach langem Nachdenken und Abwägen von Handlungsalternativen kann der Controller versagen und unvernünftige Entscheidungen können die Folge sein. Ein Beispiel: Teure Handtaschen werden oft nicht nur aus dem ersten Impuls heraus gekauft. Oftmals bedeutet das tagelange Nachdenken über die Kaufentscheidung nur das Suchen nach logischen Argumenten, warum wir die Handtasche doch unbedingt brauchen. Der Controller muss von Frosch und Spitzmaus überzeugt werden, dass es mehr Spaß macht, die Tasche zu besitzen, als es uns beunruhigt, wenn danach unser Konto überzogen ist. Frosch und Spitzmaus machen also nicht nur den ersten impulsiven Vorschlag, sondern haben auch die Möglichkeit, nach der Entscheidung des Controllers noch einmal „mitzureden". Der erste Kaufimpuls könnte daher kommen, dass wir die ungeliebte Nachbarin mit einer neuen Tasche gesehen haben. Das passt dem Frosch gar nicht, also wird er uns bei nächster Gelegenheit in ein Kaufhaus locken und zuschlagen wollen: Sofort kaufen! Stehen wir dann mit der überteuerten Tasche in der Warteschlange und erinnern uns an die mühsamen Diskussionen mit dem Partner, wird der Controller den Kaufimpuls verzögern können und wir gehen ohne Tasche nach Hause. Zu Hause angekommen, beginnt das Grübeln: Einerseits erinnert sich der Controller bewusst an die mühsamen Diskussionen mit dem Partner, gleichzeitig fühlt sich die Vorstellung, die Tasche zu besitzen, sehr gut an.

Es entsteht immer dann ein innerer Konflikt, wenn der Teil unseres Gedächtnisses, der unsere emotionalen Erfahrungen verwaltet, zum Zeitpunkt der Entscheidung keine Erinnerung an wirklich unangenehme Konsequenzen hat. Vielleicht erinnern wir uns daran, wie nach früheren Handtaschenkäufen andere Frauen neidvoll auf den neuen Ledersack gestarrt haben. (Ob das wirklich so war, steht auf einem anderen Blatt). Fest steht, wir haben bisher noch nie erlebt, dass der Kauf einer Handtasche wirklich nachhaltig schmerzt. In diesem Fall ist es nicht unwahrscheinlich, dass wir uns in nächster Zeit noch einmal im Kaufhaus einfinden und die Tasche kaufen.

Unter anderen Voraussetzungen kann es in diesem Beispiel aber auch ganz anders ablaufen: Mussten wir nämlich bereits irgendwann reale Existenzängste erleben, weil wir vor Jahren unseren Job verloren haben und nur schwer einen neuen finden konnten, wird unser Controller viel eher in der Lage sein, sich gegen Frosch und Spitzmaus durchzusetzen. Der vernünftige Vorschlag des Controllers passt in diesem Fall zu unseren emotionalen Erfahrungen. Und *Louis Vuitton* und Co. würden nicht an uns verdienen.

Wir entscheiden demnach sofort und impulsiv „aus dem Bauch" oder aber aufgrund eines Wettstreits unserer bewussten und unbewussten Erinnerungen, was immer einer Kombination aus Bauch- *und* Vernunftentscheidung entspricht. Wie wir in Kapitel 2 beim Punkt „Verknüpfte Erfahrungen und innere Überzeugung" erfahren haben, verbinden wir immer dann unsere Emotionen mit dem bewusst Erlebten des Controllers, wenn etwas emotional sehr aufwühlend war oder regelmäßig in derselben Ereigniskombination passiert ist. Wir lernen also durch dauerhaftes Verknüpfen von Ereignissen und Empfindungen. Eine teure Tasche zu kaufen, könnte also einmal Genuss und ein anderes Mal Angst und Stress bedeuten.

Und Sie kennen jetzt auch die Voraussetzung für vernünftige Entscheidungen: Zuerst muss es eine „Warteschlange" geben, um den ersten Impuls zu verzögern. Sind wir ungeduldig, hektisch und gestresst, so ist die Wahrscheinlichkeit für Impulsentscheidungen unseres Frosches groß. Ich möchte intuitive Entscheidungen nicht grundsätzlich abwerten, da unter bestimmten Bedingungen eine unreflektierte – also unter Umgehung unserer Vernunft gefällte – Entscheidung sogar besser zu sein scheint: wenn eine Entscheidung sehr schnell getroffen werden muss, es keine Zeit zum Nachdenken gibt oder wenn zu viele Detailinformationen zur Auswahl stehen. Eine Studie zeigt, was mit unseren Entscheidungen passiert, wenn wir vernünftig oder intuitiv einfache oder komplexe Entscheidungen treffen sollen:

Stellen Sie sich vor, Sie möchten sich ein neues Auto kaufen und bekommen vier Modelle zur Auswahl, von denen eines das für sie objektiv beste ist. Der Verkäufer erklärt Ihnen zu Beginn zu jedem Auto nur vier Details und Sie sollen in nur drei Minuten Ihren Favoriten auswählen. Dürfen Sie dabei bewusst nachdenken, identifizieren Sie mit über 50 Prozent Wahrscheinlichkeit das Richtige. Dürfen Sie nicht nachdenken, weil Sie während der drei Minuten abgelenkt werden, sinkt Ihre „Trefferquote" um lediglich rund zehn Prozent. Hier liefert eine bewusste, vom Controller beeinflusste und vernünftige Entscheidung bessere Ergebnisse. Der 40-Bit-Prozessor kann die insgesamt 16 Parameter verarbeiten, miteinander vergleichen und abwägen, um vernünftig zu entscheiden.

Liefert Ihnen der Verkäufer aber zwölf Details pro Auto, also insgesamt 48 Parameter, und versuchen Sie dann, in einer Bedenkzeit von drei Minuten bewusst zu entscheiden, so konnte in dieser Studie gezeigt werden, dass Sie nur zu einem geringen Prozentsatz (rund 20 Prozent) das für Sie richtige Auto identifizieren und auswählen. Eine „Bauchentscheidung", die durch Ablenkung provoziert wurde, kann in diesem Fall mit der Komplexität und dem Zeitdruck viel besser umgehen. Rund 60 Prozent der Ergebnisse unserer intuitiven Entscheidungen fallen dabei richtig aus! Mit diesem Mustererkennungsprogramm des 11.000.000-Bit-Prozessors der Spitzmaus ist das ab einer gewissen Komplexität offensichtlich einfacher. Das bedeutet aber, dass wir viele Autos bereits gesehen haben müssen und dadurch bereits über unterbewusste Erfahrungen verfügen, welche Eigenschaften ein gutes Auto normalerweise hat (Benzinverbrauch, Leistung, Attraktivität, Wiederverkaufswert usw.)

Ein anderes Beispiel: Ein Feuerwehrmann mit viel Berufserfahrung, der ein brennendes Haus betritt, erkennt in Sekunden, ob Gefahr in Verzug ist oder nicht. Er muss viel gesehen und erlebt haben, um intuitiv richtig entscheiden zu können. Das bedeutet, dass er während seiner Berufsausübung häufig konzentriert und aufmerksam war, seine Spitzmaus dadurch trainiert hat und sich auf sie verlassen kann.

Wollen wir uns auf unsere „Bauchentscheidungen" verlassen können, müssen wir also unsere Intuitionen trainieren! Das gelingt nur, wenn wir viel gesehen, erlebt und getan haben. Dann speichert unsere Spitzmaus die vielen komplexen Zusammenhänge ab und wir können uns auf das Prognoseprogramm verlassen. Mir fallen in diesem Zusammenhang Führungskräfte auf, die hauptsächlich Botschaften senden und kaum in der Lage oder bereit sind, wichtige Signale aus dem Umfeld zu empfangen. Wenn dazu auch noch stressbedingte Aufmerksamkeitsprobleme kommen, ist der Cocktail für unzuverlässige Intuitionen perfekt. Wer dann glaubt, dass Entscheidungen „aus dem Bauch" die bessere Wahl sind, der irrt. In diesem Fall würde ich mehrmals „darüber schlafen" als Entscheidungsstrategie dringend empfehlen.

BIOLOGISCHE ENTSCHEIDUNGSFALLEN

So manche Entscheidung unserer Spitzmaus liefert objektive Falschergebnisse, die aber rational durch die Anpassung an die Welt unserer Vorfahren erklärbar sind. Dazu gibt es eine Fülle von Beispielen, von denen ich nur ein paar erwähnen möchte:

Die Relativitätsfalle

Wir können „absolut" von „relativ" kaum unterscheiden. Stellen Sie sich folgende Aufgabe vor: Sie müssen aus zwei Schalen mit roten und weißen Kugeln möglichst eine rote ziehen und sollen dabei Ihre Augen geschlossenen halten. In einer kleinen Schale sind eine rote Kugel und neun weiße, in einer großen Schale sind fünf rote und 95 weiße Kugeln. Sie würden sich wahrscheinlich, so wie die meisten Testpersonen, für eine Ziehung aus der großen Schale entscheiden. Auch wenn man Sie ausdrücklich auf die Erfolgsquote von zehn Prozent bei der kleinen und fünf Prozent bei der großen Schale aufmerksam machen würde! Scheinbar sieht die Spitzmaus nur absolute Zahlen und überstimmt damit den Controller: Fünf Kugeln sind eben mehr als eine.

Die Sichtbarkeitsfalle

Wenn Sie bargeldlos einkaufen, geben Sie deutlich mehr Geld aus, als wenn Sie mit Scheinen und Münzen bezahlen müssten. Die Spitzmaus erlebt Trennungsschmerz offensichtlich nur bei real sichtbaren Dingen. Dass private und öffentliche Schuldenberge immer mehr ansteigen, ist daher kein Wunder.

Die Musterfalle

Versuchen Sie bitte, folgende Frage zu beantworten: Ein Tennisschläger und ein Tennisball kosten zusammen einen Euro und 10 Cent. Der Tennisschläger kostet um einen Euro *mehr* als der Tennisball. Wie viel kostet der Ball? Über 80 Prozent aller befragten Studenten antworten: 10 Cent. Es sind aber nur fünf Cent. Ein Euro und fünf Cent für den Schläger und fünf Cent für den Ball. Da in der Angabe zweimal der Begriff „einen Euro" vorkommt, reagiert das Mustererkennungsprogramm der Spitzmaus: Die Frage wird nicht mehr genau gelesen, weil sich die Antwort zu schnell ins Bewusstsein drängt. Der Tennisschläger kostet eben einen Euro *mehr* und nicht genau einen Euro.

Die Ankerfalle

Wie hoch Sie den Umsatz für das nächste Quartal einschätzen, hängt maßgeblich davon ab, mit welchen Zahlen Sie unmittelbar davor hantiert haben. War die Zahl höher, schätzen Sie höhere Umsätze. Wir schätzen offenbar immer relativ zu einem Bezugspunkt. Dabei scheint es völlig egal zu sein, ob dieser Punkt einen realen Bezug zur aktuellen Frage hat oder nicht. Uns reicht irgendein Anker, irgendeine andere Zahl, wenn es um numerische Bewertungen geht.

Die Autoritätsfalle

Autoritäten schalten unseren Controller aus. Wir sind dadurch wesentlich unkritischer, wodurch es, zum Beispiel in der Luftfahrt, auch zu Katastrophen kommen kann: Kleine Auffälligkeiten wurden dort zwar rechtzeitig vom Kopiloten erkannt, aber oft aus Autoritätshörigkeit nicht gemeldet. Weil man dieses Problem erkannt hat, werden Piloten seit vielen Jahren gezielt darin geschult, jede Ungereimtheit sofort anzusprechen und zu überprüfen. Das muss sich der Chef im Cockpit gefallen lassen, wenn er selbst überleben will.

Dasselbe Dilemma erlebt man übrigens auch in vielen Unternehmen, in denen dominante Führungskräfte Mitarbeiter in diese Falle führen. Führungskräfte wünschen sich kreative und kritische Lösungsvorschläge von ihren Mitarbeitern und unterschätzen dabei deren Fähigkeit, die Meinung und Einstellung des Chefs vorherzusagen. Wenn Sie selbst Führungskraft sind, wundern Sie sich also nicht, wenn unsichere Mitarbeiter nach der vermuteten Meinung des Chefs entscheiden, ohne es selbst zu wissen – ein großer Nachteil für Organisationen.

Die Gerechtigkeitsfalle

Unser Sinn für Fairness und Gerechtigkeit ist nicht objektiv. Stellen Sie sich folgende Situation vor: Sie sitzen einem Kollegen gegenüber, der vor Ihren Augen 100 Euro bekommt. Er muss das Geld mit Ihnen teilen, darf aber selbst entscheiden, wie viel er Ihnen davon abgibt. Der entscheidende Punkt bei diesem als „Ultimatumspiel" bekannten Test ist, dass Sie und Ihr Kollege nur dann die geteilten 100 Euro behalten dürfen, wenn *Sie* das Geld annehmen. Aus Ihrer Sicht betrachtet ist also jeder einzelne Euro ein Gewinn, über den Sie sich freuen könnten, oder? Die Studienergebnisse zeigten aber etwas ganz Verblüffendes: Sie werden höchstwahrscheinlich das Geld nur dann annehmen, wenn der Betrag mehr oder weniger fair aufgeteilt wird. Ist die Abweichung zu groß, werden Sie lieber einen Verlust in Kauf nehmen, als der Ungerechtigkeit zuzustimmen. Würden Sie aber diesen Test mit einem Computer spielen, sieht das Ergebnis ganz anders aus: „Unmoralische" Angebote werden plötzlich akzeptabel, weil Ihr Gegenüber kein Mensch, sondern ein Gerät ist. Unser Gerechtigkeitssinn überprüft Rang und Privilegien zwischen Menschen. Verhaltensbiologisch betrachtet, akzeptieren wir nur unter bestimmten Bedingungen einen geringeren Rang und weniger Privilegien. Wie ich im Kapitel 5 „Hirngerechte Mitarbeiterführung" geschildert habe, akzeptieren wir nur dann geringere Privilegien im Vergleich zum Chef, wenn sich der Ranghöhere deutlich mehr anstrengt und ein höheres Risiko übernimmt. Auf derselben Hierarchieebene sind wir aufgrund desselben Risikos besonders sensibel für Ungerechtigkeiten. Hier müsste schon eine sichtbar höhere Anstrengung erkennbar sein, um nicht negative Gefühle auszulösen. Im geschilderten Beispiel sind die geschenkten 100 Euro aber weder mit Anstrengung noch mit Risiko verbunden. Daher empfinden wir *Menschen*, die trotzdem ungleich teilen wollen, als ungerecht, weil wir uns nicht ohne Grund unterwerfen wollen.

Die Ernährungsfalle
Unsere Entscheidungen hängen tatsächlich auch davon ab, ob wir

hungrig oder satt sind! Haftentlassungsrichter müssen entscheiden, ob ein Häftling vorzeitig zu entlassen ist oder nicht. Einer Untersuchung zufolge ist die Wahrscheinlichkeit für eine negative Entscheidung umso größer, je länger die letzte Sitzungspause und damit die letzte Nahrungsaufnahme her ist: Unmittelbar nach einer Nahrungsaufnahme und unmittelbar nach dem morgendlichen Beginn des Sitzungszyklus ist die Wahrscheinlichkeit für eine positive Entscheidung am größten. Diese sinkt im Verlauf einer Sitzung kontinuierlich ab und erreicht kurz vor der nächsten Pause praktisch *null Prozent*. Direkt nach dem Essen ist die Wahrscheinlichkeit wieder am Ausgangsniveau. Hat der Frosch Hunger, will er möglichst schnell zu seinem Futter. Und das gelingt scheinbar mit der Ablehnung des Antrags auf vorzeitige Haftentlassung leichter – zumindest für Haftentlassungsrichter.

VERÄNDERUNGSBEREITSCHAFT

Im persönlichen Verhalten sind Motive, Entscheidungen und Veränderungen eng miteinander verbunden und beeinflussen sich wechselseitig. Entscheiden wir uns für eine Veränderung in unserem Leben, kann eine damit verbundene positive Erfahrung dazu führen, dass wir zukünftig veränderungsfreudiger werden. Es kann natürlich auch leicht Gegenteiliges passieren und wir beginnen Veränderungen zu vermeiden, wenn wir in der Vergangenheit schlechte Erfahrungen mit unserer Veränderungsbereitschaft gemacht haben.

Die Veränderungsbereitschaft selbst entsteht, wie die ihre zugrunde liegenden Motive, entweder aus innerem Antrieb oder wird von außen motiviert oder sogar erzwungen. Angst und akuter Stress sind die stärksten Veränderungsmotive. Die Bereitschaft, seine Lebensgewohnheiten zu verändern, ist nach einer

Krebsdiagnose ungleich größer als nach dem Betrachten einer Gesundheitssendung im Fernsehen. Aus dem allgemeinen und neutralen Bewusstsein, dass wenig Stress, gesunde Ernährung, ausreichend Bewegung und viel Schlaf gesund sind, entsteht erst nach der erschütternden Diagnose ein Problembewusstsein, ein Ich-Bezug: Uns wird plötzlich klar, dass es hier nicht nur um eine allgemeine Empfehlung geht, sondern es uns selbst betrifft. Allerdings wirkt Angst nicht nachhaltig und ist als strategisches Mittel in der Berufswelt nicht empfehlenswert, da Panikmache massive Nebenwirkungen zeigt. Durch Angst lernen wir vor allem, den oder die Verursacher zu meiden. Das kann auch der Überbringer schlechter Nachrichten sein.

Die von außen bedingte (extrinsische) Motivation zur Verhaltensänderung kann beispielsweise durch Aussicht auf materielle oder soziale Belohnung entstehen. Materielle Belohnung durch einen finanziellen Bonus wirkt sehr schnell: Viel Dopamin, vor allem bei unerwarteter Belohnung, macht Spaß, verliert aber auch rasch an Wirkung. Deutlich nachhaltiger ist die Wirkung durch soziale Belohnung, wie beispielsweise Lob, Anerkennung, Respekt, Wertschätzung und die Aufmerksamkeit anderer. Für alle extrinsischen Motive zur Verhaltensveränderung gilt grundsätzlich, dass sie bei gleich bleibender Belohnungserwartung ihre Wirkung verlieren.

Ganz anders bei der Veränderungsbereitschaft, die aus innerer (intrinsischer) Motivation resultiert: Hier gibt es keinen Gewöhnungseffekt. Die von außen unabhängige „Selbstbelohnung" wirkt scheinbar immer, da sie selbst dosiert werden kann und zu einem Gefühl der Selbstbestimmtheit führt. Innere Zufriedenheit und Freude entstehen immer im Kontext von Sinnhaftigkeit und gefühlter Freiheit und sind in unserem Gehirn durch die Menge an Serotonin codiert: je mehr, desto besser. Als *Kohärenzgefühl* haben wir die Wirkung dieses Hormons bereits kennengelernt.

Intrinsische Motivation kann durch extrinsische Belohnungen allerdings deutlich abgeschwächt werden: Wird ein Verhalten immer durch direktive Anweisungen oder Belohnung von außen motiviert, so sinkt die innere Beteiligung, da auf diese Weise das Gefühl der Selbstbestimmung sinkt. Man trainiert sich dadurch die Selbstmotivierungsfähigkeit ab und wird von der extrinsischen Motivation abhängig!

Veränderungen fallen den meisten Menschen schwer. Ein Grund liegt darin, dass wir für die *Beibehaltung* gewohnten Verhaltens ebenfalls belohnt werden: Es gibt Sicherheit, die Spitzmaus freut sich und produziert Dopamin, weil wir immer wissen, was uns erwartet. Beobachtungen zufolge dürfte das bei rund drei Prozent der Menschen anders sein: Diese innovativen Erneuerer sind scheinbar in der Lage, aus dem Veränderungsprozess *an sich* Freude zu gewinnen, und lieben daher die Herausforderungen, die mit Veränderung verbunden sind.

Für den Rest von uns gilt, dass Veränderungsbereitschaft nur entsteht, wenn das zu erwartende Dopamin deutlich höher ist, als es im Vergleich zur Beibehaltung des gewohnten Verhaltens erwartet wird. Es bedarf also der Aussicht auf eine hohe Erfolgswahrscheinlichkeit. Es scheint dabei einen altersabhängigen Trend zu geben: In unserer Jugend ist die Veränderungsbereitschaft genetisch vorprogrammiert, da der Loslösungsprozess von der Eltern biologisch eingeleitet werden muss und wir uns in dieser Lebensphase mit vielen neuen Dingen auseinandersetzen müssen. Je älter wir werden, desto wahrscheinlicher wird es, dass wir in der Vergangenheit auch negative Erfahrungen mit Veränderung gemacht haben. Wir werden also vorsichtiger und können froh sein, dass sich – durch die beginnende emotionale Beruhigung ab Mitte 40 – mehr Gelassenheit entwickelt und dadurch die Bereitschaft zur Akzeptanz den Drang zur Veränderung kompensiert.

Die beiden Hauptursachen für die innere Verweigerung von Veränderung sind Unsicherheit und sozialer (Beziehungs-)Stress: *Bindung + Sicherheit = Neugierde.* Diese einfache Formel erleichterte uns in Kapitel 1 das Verständnis für die Abhängigkeit unserer Veränderungsbereitschaft (Neugierde) von unserem Bindungs- und Sicherheitsbedürfnis.

Unsicherheit und wenig Bindung innerhalb einer Gruppe führen im Umkehrschluss dazu, dass man sich nicht verändern möchte. Neues zu akzeptieren, fällt dann schwer, wir verlassen uns lieber auf altbewährte Verhaltensweisen, weil diese bekanntermaßen funktionieren und dadurch wieder Sicherheit geben und das Risiko zu scheitern minimieren.

Unsere Veränderungsbereitschaft wird also stark von den Bindungs- und Sicherheitsbedürfnissen beeinflusst. Durch unseren Controller sind wir allerdings in der Lage, etwas Zeit zu gewinnen, und können auch bei nicht sofortiger Belohnung weiter an das Gelingen glauben. Haben wir diesen Zusammenhang in der Vergangenheit häufig erlebt, so vermuten wir auch bei neuen Herausforderungen häufiger Belohnung, sind geduldiger, optimistischer und akzeptieren viel eher Stolpersteine und Rückschläge. Wichtig bei Veränderungsprozessen ist, dass wir weiterhin an Erfolg glauben können, und nicht, dass wir immer möglichst rasch jedes Ziel erreichen! Darum entwickeln wir nur durch regelmäßiges Erleben von innerer Belohnung Sicherheit und damit Veränderungsbereitschaft. Fühlen wir uns gebunden und sicher, wird uns auch die Akzeptanz von fremdbestimmten Veränderungen besser gelingen.

Versteht man diese Logik, wird klar, warum Führungskräfte gut beraten sind, in Bindung und Sicherheit – also in die Beziehung zu Menschen – zu investieren, wenn sie veränderungsbereite Mitarbeiter in ihrer Mannschaft haben möchten. Der bekannte Mitarbeiterreflex „Ich mach' es so wie in den letzten 15 Jahren, weil das besser funktioniert" resultiert also meist nicht aus fehlenden rationalen Erklärungen der Führungskräfte, sondern ist demnach Ausdruck eines unbefriedigten Bindungs- und Sicherheitsbedürfnisses.

Unsere Veränderungsbereitschaft ist auch abhängig von Vorbildern und unserer sozialen Umgebung: Wenn mein Chef keine Pausen macht, ständig zu spät kommt und am Wochenende E-Mails schreibt, ist die Wahrscheinlichkeit groß, dass ich mir dasselbe Verhalten nicht abgewöhnen werde. Ein anderes Beispiel: Die Bereitschaft den Müll zu trennen steigt, wenn ich weiß, dass es meine Nachbarn auch tun. Bei aller Vernunft benötigen wir eben auch Vorbilder, damit unsere Spitzmaus „sieht", wie es die meisten anderen machen.

In unserer Echtzeit-Informationsgesellschaft kommt noch ein Effekt zum Tragen, der die Veränderungsbereitschaft hemmen kann: Sich ständig mit zu vielen Informationen auseinandersetzen zu müssen, bedeutet auch, dass man (gefühlt) unendlich viele Optionen für Fehlentscheidungen hat. Wie viele Tipps zur gesunden Ernährung haben Sie schon gelesen? Einmal sollen wir unbedingt fünf Mal am Tag essen, dann wieder nur drei Mal. Am Abend soll man keine Kohlenhydrate und Obst essen, und dann spielt das doch wieder keine Rolle, da es vom zeitlichen Abstand zum Schlafengehen abhängt. Aus der resultierenden Unsicherheit kann keine Motivation für eine klare Handlungsstrategie entstehen. Ähnliches gilt für die Entscheidung, welche Zeitungsartikel, Bücher, Filme und Fernsehsendungen wir konsumieren wollen. Wir wollen uns nicht mehr festlegen, da wir bei jeder Entscheidung für das eine zwangsläufig etwas anderes verpassen. Unser Verhalten dahingehend zu verändern, dass wir gezielt auswählen, was wir konsumieren, wird durch die schiere Menge an Informationen immer schwieriger.

EPILOG

Viele der in diesem Buch geschilderten Erkenntnisse und Theorien über unser Gehirn und unser Verhalten sind nicht neu und dem einschlägig interessierten Leser vielleicht bereits bekannt. Und so manche Beobachtung aus dem Privat- und Berufsleben mag trivial scheinen. Dennoch fand ich den Versuch lohnenswert, diese theoretischen Erkenntnisse und die Beobachtungen in der täglichen Praxis in einen logischen Zusammenhang zu stellen. Nicht die „Verkomplizierung" der ohnehin sehr komplex erscheinenden Welt, sondern das Aufdecken wichtiger biologischer „Fallen" im täglichen Leben war mein Ziel. Teilweise habe ich dabei den Boden der klassischen Wissenschaftspublikationen bewusst verlassen, um in einer allgemein verständlichen Sprache bildhaft zu verdeutlichen, wovon ich fest überzeugt bin: Wir sind zwar das Produkt der Lebensweise unserer Vorfahren, aber definitiv nicht Opfer unserer Erbanlagen, unserer Erziehung und sozialen Prägung. Wir haben einen freien Willen und können diesen bewusst einsetzen, um unser Leben und das unserer Mitmenschen zu beeinflussen.

Wir sind für die Anpassung an neue Lebensbedingungen bestens vorbereitet. Sich permanent verändernde Rahmenbedingungen sind Wegbegleiter der Evolution. Die Struktur unseres Gehirns und auch die Struktur unseres Körpers passen sich mit unglaublicher Schnelligkeit und Effizienz an neue Herausforderungen an. Wie ich gezeigt habe, können Anpassungsprozesse sowohl positive als auch negative Auswirkungen auf Wohlbefinden und Gesundheit haben, und zwar kurzfristig Vorteile, langfristig aber auch gravierende Nachteile für unsere körperliche und seelische Verfassung nach sich ziehen. Diese Anpassung unserer Wahrnehmung an die täglichen Herausforderungen sehen und spüren wir selbst kaum. Unser Gehirn müsste seine eigene Veränderung erkennen können und gerade diese Fähigkeit zur

Selbstwahrnehmung scheint kein evolutiver Vorteil gewesen zu sein. Wir sind nämlich auf Fremdwahrnehmung optimiert. Das führt dazu, dass wir Veränderungen der eigenen Wahrnehmung und des eigenen Verhaltens lange oder überhaupt nicht bemerken.

Das direkte private oder berufliche Umfeld könnte unsere Verhaltensveränderungen sehr wohl registrieren, neigt aber in unserem Kulturkreis eher zum Weg- als zum Hinsehen. Wir möchten dem Betroffenen schließlich nicht zu nahe treten mit Kommentaren wie „Du siehst ja völlig fix und fertig aus!". (Vielleicht liegt die Zurückhaltung aber auch nur daran, dass wir uns vor der Antwort „Du aber auch!" fürchten. Gerade wenn es stimmt, wollen wir so etwas lieber nicht zu hören bekommen.) Und noch immer ist die Scheu groß, über psychische Veränderungen offen zu sprechen. Ganz anders bei offensichtlichen körperlichen Veränderungen: Denken Sie nur an die unschönen Auswirkungen einer Kombination aus zuckerreicher Industrienahrung, Bewegungsmangel und chronischem Stress: Kurzfristig würde man damit eine akute Hungersnot wunderbar überstehen, langfristig sind die Auswirkungen aber definitiv nachteilig. Über körperliche Veränderungen sprechen wir nicht nur offener, sondern wir feilen auch bereitwillig mit Skalpell, Nervengift, Silikon und Fettabsaugung an den Symptomen von Stress und dem Alterungsprozess.

Weil es aber für uns alle besser ist, fix als fertig zu sein, habe ich hier versucht, vor allem eines aufzuzeigen: Es gibt einen klaren Zusammenhang zwischen dem Gefühl der Selbstbestimmtheit und der Fähigkeit, sich von unbeeinflussbaren Lebensbedingungen unabhängig zu machen. Wer sich ständig als hilfloser Passagier seines eigenen Lebens fühlt, kann dabei nur verlieren. Experimente wie jenes der beiden Ratten im Käfig haben gezeigt, dass es nicht die objektiv messbaren Anstrengungen sind, die wir fürchten sollten, sondern der Verlust an „Hebeln" in unserem Leben. Wenn man einmal tatsächlich Opfer ungünstiger Rahmenbedingungen ist, bringt das ständige Jammern keine persönlichen Vorteile, auch wenn es kurzfristig Linderung verschaffen mag, sich auf ein gemeinsames Feindbild einzuschwören. Wir lernen dabei nicht selten, hilflos zu sein, und müssen mit den Konsequenzen leben. Dazu kommen weitere Zusammenhänge, die uns bewusst sein sollten:

- Wer die Ergebnisse seiner Anstrengung nicht zeitnah sehen kann, bekommt kein Belohnungs-Dopamin.
- Wer sich ständig einer dramatisierenden Sprache bedient, trägt wesentlich dazu bei, dass Dinge als schlimmer empfunden werden.
- Wer auf eine Provokation sofort innerhalb von zwei Minuten reagiert, agiert aggressiver.
- Wer auf alle Ablenkungen ständig reagiert, kann bald Wesentliches von Unwesentlichem nicht mehr unterscheiden.
- Wer permanentes Multitasking betreibt, entwickelt Konzentrations- und Aufmerksamkeitsdefizite.

Mir war auch wichtig, Sie für die Auswirkungen unserer kurzsichtigen Erfolgskultur am Arbeitsplatz zu sensibilisieren: weniger Selbstbestimmung, zunehmende Demotivation und eine sinkende Bereitschaft, Veränderungen zu akzeptieren. Begleitet werden diese Veränderungen von ausgeprägter Jammerkultur und Zynismus. Die Internationalisierung unserer Arbeitswelt, die ausgeprägten Prozessoptimierungen und die begleitenden Qualitätssicherungsmaßnahmen sind nachvollziehbare Strategien, um den Kampf um Marktanteile zu gewinnen. Wir denken dabei sehr technisch und sollten zur Kenntnis nehmen, dass Arbeitsprozesse zwar optimierbar sind, Menschen aber nicht! Das menschliche Gehirn passt sich an, wird deswegen aber – betriebswirtschaftlich gesehen – nicht automatisch produktiver.

LITERATUREMPFEHLUNGEN

Joachim Bauer: Arbeit. Warum unser Glück von ihr abhängt und wie sie uns krank macht. Karl Blessing Verlag 2013

Mihaly Csikszentmihalyi: Flow im Beruf. Das Geheimnis des Glücks am Arbeitsplatz. Klett-Cotta 2012

Felix von Cube: Lust an der Leistung. Die Naturgesetze der Führung. Piper Verlag 1997

Antonio Damasio: Selbst ist der Mensch. Körper, Geist und die Entstehung des menschlichen Bewusstseins. Siedler Verlag 2011 (als Paperback: Pantheon Verlag 2013)

Georg Franck: Ökonomie der Aufmerksamkeit. Ein Entwurf. Hanser Verlag 1998

Gerald Hüther: Biologie der Angst. Wie aus Stress Gefühle werden. Vandenhoeck & Ruprecht 2012 (9. Auflage)

Daniel Kahnemann: Schnelles Denken, langsames Denken. Siedler Verlag 2012

Eric Kandel: Das Zeitalter der Erkenntnis. Die Erforschung des Unbewussten in Kunst, Geist und Gehirn von der Wiener Moderne bis heute. Siedler Verlag 2012

Joseph LeDoux: Das Netz der Persönlichkeit. Wie unser Selbst entsteht. Patmos Verlag 2003

Wörter haben Macht! Sie können motivieren, überzeugen, bewegen oder beruhigen.

Das Wort und seine Wirkung auf die Mitmenschen begleitet uns überall: im Gespräch, bei Verhandlungen, beim Verfassen von Briefen oder E-Mails. Besonders in den neuen Kommunikationstechnologien, wo es keine direkte Reaktion des „Gegenübers" gibt, steht und fällt alles mit den richtigen Wörtern. Der erfolgreiche Worttrainer Manfred Schauer zeigt, wie das Werkzeug „Sprache" für den persönlichen und privaten Erfolg richtig eingesetzt werden kann. Anhand von vielen Beispielen aus seiner langjährigen Berufspraxis und seiner Vortragstätigkeit lüftet er das Geheimnis und die Macht der Wörter.

Auch als
E-BOOK
erhältlich

Manfred Schauer
DIE MACHT DES WORTES
Mit positiver Sprache zum Erfolg
240 Seiten; 13,5 x 21,5 cm
€ 22,99 · ISBN 978-3-85485-316-9

molden verlag

„Ärzte sind auch nur Menschen und keine Götter in Weiß - Patienten dürfen und sollen mit ihnen Klartext reden!", fordert der der Kardiologe und Komplementärmediziner Peter Lechleitner. „Muss ich als Patient wirklich alles schlucken? Wann ist es Zeit, sich einen anderen Arzt zu suchen? Medizinskandale am laufenden Band - wem kann ich noch vertrauen? Diagnose Krebs: Was nun? Anhand von vielen Fallbeispielen aus seiner über 30-jährigen Tätigkeit als Arzt entzaubert der Autor so manchen Mythos und ermuntert dazu, seine Bedürfnisse selbstbewusst zu vertreten und zu kommunizieren.

Peter Lechleitner
GÖTTER IN WEISS
Wie Sie von ihnen bekommen,
was Sie brauchen

208 Seiten; 13,5 x 21,5 cm
€ 19,99 · ISBN 978-3-85485-328-2

molden verlag

Intuition war die höchste Kunst der Samurai. Intuition ist auch die höchste Kunst im Management. Der wirtschaftliche Aufstieg Japans nach dem Zweiten Weltkrieg wird nachweislich dem Geist und den gelebten Werten der Samurai zugeschrieben. Werte wie Ehre, Respekt, Mut, Entschlossenheit, Höflichkeit und Intuition haben den Samurai höchstes gesellschaftliches Ansehen über Jahrhunderte verliehen. Der „Samurai Manager" transportiert dieses Wissen in das moderne Management. Der Unternehmensberater und Managementtrainer Reinhard Lindner verrät – ausgehend von den Prinzipien der japanischen Kampfkunst Budo – sofort umsetzbare, praktische Tipps für mehr Erfolg auf den Spuren der Samurai.

Auch als
E-BOOK
erhältlich

Reinhard Lindner
DER SAMURAI MANAGER
Mit Intuition zum Erfolg
272 Seiten; 13,5 x 21,5 cm
€ 29,99 · ISBN 978-3-85485-335-0

molden verlag

ISBN 978-3-85485-331-2

sty⬛ria

Wien – Graz – Klagenfurt
© 2014 by *Molden Verlag*
in der Verlagsgruppe Styria GmbH & Co KG
Alle Rechte vorbehalten.

Bücher aus der Verlagsgruppe Styria
gibt es in jeder Buchhandlung und
im Online-Shop

styriabooks.at

Lektorat: Elisabeth Wagner
Covergestaltung: Maria Schuster
Covergrafik: Fotolia / ra2 studio
Layout: Hannes Strobl, Satz·Grafik·Design

Druck und Bindung:
Druckerei Theiss GmbH, St. Stefan im Lavanttal
7 6 5 4 3 2 1
Printed in Austria